跟著圖解這樣做

有機堆肥

不失敗！

協助攝影・取材
的家庭菜園專家們

田中寿恭　奈良縣橿原市

井原英子　兵庫縣太子町

高梨恵美子　神奈川縣伊勢原市

緒方君子　東京都練馬區

福田俊　東京都練馬區

安藤康夫　東京都板橋區

下薗千登世　長野縣小川村

柿倉鉄児　神奈川縣川崎市

波多野典代　愛知縣小牧市

井原英子女士田裡所採收的洋蔥

利用稻桿及雜草製作堆肥 〉〉90頁

下園千登世女士的菜圃

草木灰對土壤改良及病蟲害防治相當有效

≫128頁

高梨惠美子女士所種植馬鈴薯

教導如何利用落葉做成腐葉土堆肥的方法 〉〉〉94 頁

田中寿恭先生的田地

利用各種蔬菜做出腐葉土堆肥 〉〉〉 84 頁

安藤康夫先生屋頂菜園的蔬菜

手作堆肥或液肥，利用盆缽栽種蔬菜 〉〉〉124 頁

Content

菜園專家們的堆肥創意

前言

堆肥能將土壤轉變為「活性土壤」

只要看過本社發行的家庭菜園雜誌『蔬菜訊』之讀者問卷，就可以清楚地了解有多少家庭菜園專家們，致力於有機・無農藥蔬菜的栽培。—以堆肥及有機肥料造土的田地裡，搭配季節播下蔬菜種子。隨著季節變化，守護著蔬菜生長、採收美味的蔬菜—。這種喜悅的聲音，從全日本的家庭菜園中傳送出來。

本書非常適合想要在家庭菜園中實踐有機・無農藥的蔬菜種植法，以及想要開始種植有機・無農藥蔬菜的人們。書中介紹能安心使用在田裡的堆肥作法，以及如何正確使用堆肥的方法。

仿效山野裡的土壤，以堆肥將田地土壤轉化為有生命的土壤

看看山野裡的土壤，明明沒人施肥，卻每年自然而然地生出草、樹木發出新芽、花朵也都能開花結果。這完全是得利於長年累月自然形成的肥沃土壤。在山野土壤中，許多種類的微生物活躍著，分解枯草、落葉、大小動物的骨骸等，醞釀培育新生命所需要的養分。微生物讓自然生命週期持續不斷、生生不息。

混入堆肥的土壤，觸感鬆軟，具通氣性、排水性佳，能成為有機・無農藥的田裡具生命的土壤。蔬菜根部能充分擴展，健康地生長，最後當然能豐收美味的蔬菜。

話說，要種植有機蔬菜，必須讓田裡的土壤近似於山野的土壤，盡量依循自然法則來種植蔬菜。本書要介紹的就是能讓田裡的土壤，透過多種微生物的活動而活化的材料—「堆肥」。

所謂「堆肥」是指將落葉、雜草、生廚餘等身邊的有機物質，以人為的方式打造出較適合微生物活動的環境後，再經過分解、熟成的技術。將山野需長時間形成的土壤，透過人力以半年~1年的短時間完成。當然，分解的功臣還是土壤中各種類型的微生物。

製作堆肥成功的話，種菜就會變得很輕鬆，家庭菜園也可以持續收穫健康美麗的蔬菜。因此，好的堆肥是相當必要的。堆肥是有機栽培的基石。

堆肥中棲息了許多的微生物。同時堆肥中也飽含蔬菜生長所需的豐富礦物質。田地裡混入堆肥，土壤中充滿微生物後，很快就能回復生命力，轉為適合蔬菜生長的土壤。若施放有機肥料，土壤中的微生物開始分解成為蔬菜的養分後，蔬菜根部往上吸收，當然就能迅速成長。如此培育蔬菜，就算家庭菜圃也能輕易地種出蔬菜原有的美味。

確實混入堆肥的土壤，因為擁有豐富的微生物，不易產生病蟲害，就能種出不需要農藥的蔬菜。

所以一定要善用本書，親手打造出良質的堆肥，種出有機・無毒農藥的蔬菜喔！

Part1

堆肥和肥料Q&A

Q 堆肥和肥料一樣嗎？

A 當然不一樣。
堆肥是為了打造出適合蔬菜生長所需的土壤材料。
而肥料則是蔬菜生長所需要的營養成分。

堆肥中幾乎沒有肥料成分

堆肥是落葉、牛糞、豬糞等有機物，透過微生物完全分解而成。堆肥必須在種植蔬菜之前就混入田地裡。如此，田裡的土壤就能成為適合蔬菜生長的土壤了。所謂適合蔬菜生長的土壤是指排水性佳、具通氣性、保水力佳的土壤。外觀看起來「鬆鬆軟軟」的土壤，手摸起來的觸感柔軟、濕潤，有溫度。

只要到大賣場的園藝區，就能買到各式各樣的堆肥。有落葉為主要原料的腐葉土、樹皮為主要原料的樹皮堆肥、牛糞為主要原料的牛糞堆肥等。其實，不管使用哪一種堆肥都沒有關係。

堆肥中幾乎不含肥料的成分，就算有，也只是微乎其微。肥料同樣也是種植蔬菜時混入土壤中使用，但堆肥和肥料的作用並不相同。堆肥是土壤改良的資材。

話說，如果不買堆肥，也可以自己動手做。詳細內容請參考71頁開始的「實踐！造出溫和堆肥」。就算對初學者來說也不困難，只要裝好後，經過半年到一年的發酵，就能自然而然形成微生物豐富的堆肥，一點也不費功夫。不需要花什麼錢，只是需要時間而已。

肥料補給田地中蔬菜生長所需的營養成分

肥料的主要作用在於補充田地裡蔬菜生長所需的營養。種植蔬菜之前，必須先在田裡施放肥料。

肥料雖然分為化學肥料和有機肥料，但有機栽培所使用的是有機肥料。經常使用的有米糠、油渣、雞糞等。這些有機肥料中含有蔬菜生長所需的氮、磷、鉀等要素。田裡施放適量的有機肥料，能讓蔬菜吸收養分後充份生長。有機肥料可以在大賣場的園藝區買到。此外，米糠也可以在米店取得。

能讓土壤鬆軟的堆肥

照片為經過四年醞釀的堆肥。分解到這種程度時，外觀和觸感都像土壤一般，屬於良質堆肥。

肥料是蔬菜生長所需的營養

米糠或有機肥料中的氮、磷、鉀均衡且價格便宜，非常適合家庭菜園使用。

Q 堆肥混入土壤裡有什麼好處呢？

A 堆肥混入田裡，能讓土壤中的微生物增生繁殖。因微生物運作，形成團粒構造的土壤。

硬質土壤或散沙狀砂地要種植蔬菜是非常困難的。若在田裡混入堆肥，堆肥就會成為食物，有利微生物繁殖。細菌、菌類、寄生蟲、蚯蚓等大小不同的生物開始活動。此時透過微生物分泌的黏液，能讓土壤中的粒子結成小小的團狀。這樣的土壤狀態稱為團粒構造，非常適合蔬菜生長的理想土壤。

因為團子和團子之間有空隙，能使通氣性及排水性佳。同時，一個個團子都能貯存水份，保水性也會變好。

在這樣的土壤中有許多種類的微生物，彼此之間形成相互推擠的平衡感。因此，在雜亂中，就不會只有特定的惡質微生物大量繁殖。混入堆肥的優點就是能降低蔬菜遭受病蟲害侵襲的危險。

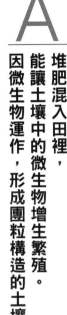

Q 該怎麼在田裡「混入堆肥」呢？

A 1㎡的田裡混入3～5公升的堆肥，以圓鍬掘起約20㎝深的土壤，將堆肥和土壤充分混合。

所謂的「混入堆肥」是指將堆肥混入土壤中。作畝之處、（或整片田）混入堆肥，再以圓鍬充份混合。

混入堆肥的份量大約1㎡對3～5公升。若是新墾田地，可以多混入些堆肥，若每年都混入堆肥，土地變得較為鬆軟後，堆肥混入少些也沒關係。因排水不良，降雨後就變硬的土地，或粉粉的砂質土地，透過混入堆肥的方式，可以轉為適合種植蔬菜的鬆軟田地。

此外，一定要混入完熟的堆肥。

市售堆肥請選購外包裝標示著「完熟」或「發酵完成」字樣的商品。若混入尚在發酵中未熟成的堆肥，會在土壤中持續發酵而產生有機酸或阿摩尼亞，對蔬菜造成不良的影響。

田地裡混入堆肥，再以圓鍬充分將堆肥和土壤混合

1 熟成一年以上的完熟堆肥。混入土壤中，可以成為適合蔬菜生長的鬆軟田地。堆肥的作法請參照自 **71** 頁起的內容。

2 作畝（蔬菜生長的溫床）處混入堆肥。堆肥量大約 **1** ㎡對 **3 ～ 5** 公升。

3 混入約 **20** ㎝深的土壤內，仔細地將土壤和堆肥混合。請使用圓鍬或鏟子等易於使用的工具。作畝時施放肥料後，就可以種植蔬菜。肥料的施放方式請參照第 **61** 頁開始的內容。

Q 有機肥料和化學肥料的差異

A 化學肥料具有速效性。有機肥料則經微生物慢慢分解後由蔬菜吸收。

有機肥料必須在種植前2週進行施放

蔬菜無法直接吸收米糠或油渣等有機肥料，必須透過土壤中的微生物將有機肥料充分分解後，才能吸收。

因此，田裡施放有機肥料到肥料效果顯現，必須經由時間蘊釀。雖然在種植蔬菜之前就已經施放了肥料，但因為考慮時間的落差，田裡的準備工作應該要更早進行才行。至少必須在2週前就混入堆肥和施肥（施放肥料）。另外，使用有機石灰或草木灰來調整土壤酸度也必須完成。

雖然化學肥料效果較佳，但建議使用有機肥料較不傷害土地

話說，化學肥料是工業製成的肥料，只要溶解於水中，蔬菜很快就能吸收肥料中的氮、磷、鉀要素。

市面上販售著各種不同比例的氮、磷、鉀肥料，有氮素較多者、磷素較多者。依照所種的蔬菜種類，選擇比率適合的肥料。

雖然職業農家使用的是較為方便的化學肥料，家庭菜園則建議使用有機肥料。化學肥料除了效果快，施放過多會使蔬菜疲軟之外，也會對土地帶來傷害。對初學者來說，比起使用一場雨後就立刻顯現效果的化學肥料來說，利用微生物增生，藉助微生物的力量，緩緩發揮效果的有機肥料，更能感受種菜的樂趣吧！

此外，建議家庭菜園在調整土壤酸度時也能使用牡蠣殼石灰等有機石灰或草木灰。無機質的苦土石灰或消石灰，雖然具速效性，使用方便。但是也同樣會為土地帶來傷害。

有機石灰是使用貝殼或蟹殼等自然物做成的石灰，效果穩定、確實且持久。堆肥和有機肥料一樣，在種植前2週就必須混入土壤中。

各種米糠、油渣、發酵雞糞、骨粉等有機肥料。

Q 琳瑯滿目的有機肥料，該使用哪一種呢？

A 米糠、油渣、雞糞⋯建議使用氮、磷、鉀均衡的米糠

蔬菜所需的營養素氮、磷、鉀、鎂、鈣，都必須由田地土壤來補充。除此之外，蔬菜所需要的微量鐵或亞鉛等元素，土壤中原有的份量就足夠了，不需另行補給。

其實，不管使用何種有機肥料都可以，但在家庭菜園中，很多人都以米糠或油渣來種植蔬菜，其中大力推薦的就是米糠。米糠不但氮、磷、鉀均衡，而且非常便宜。

基肥（61頁）使用米糠、追肥（65頁）則使用速效性的發酵雞糞，如此分開使用較佳。此外，也能依據自己種植的蔬菜種類，將有機肥料搭配後調配出屬於自己的肥料，種出可口的蔬菜。

次頁將介紹田中寿恭先生（84頁）將肥料分別使用的訣竅。

田中寿恭先生的肥料使用法

油渣

雖然可用於各種蔬菜，但因為氮素很多，小松菜、菠菜、白菜、高麗菜等葉菜類植物可以全面使用，必須在播種前2週施放。另外還有稱為「骨粉油渣」的肥料，有利於蒜頭、洋蔥等結實類蔬菜生長。

米糠

使用於小松菜、菠菜等葉菜類植物，請於播種前2週施放。種植芹菜時，請在米糠中混入少許雞糞和油渣。因為也是手作有機發酵肥料（106頁）的主要原料，可以大量準備。

骨粉

骨粉含有豐富的磷酸、鈣質。田中先生在田裡種植蕃茄、茄子、小黃瓜等果實類蔬菜時，會在油渣裡混入10%的骨粉作為基肥。使用於結果類蔬菜，不但有利生長，也有利於結果實。

發酵雞糞

效果快速且能長期發揮效果的肥料。在田中先生的田裡，將其使用於玉米、馬鈴薯、蕃薯等蔬菜。因為發酵雞糞是效果很強的肥料，必須控制使用量，請於播種或定植前兩週施放。

田中寿恭先生的肥料使用法

手作堆肥

手作堆肥雖然不是肥料，但混入土壤中能讓土壤鬆軟，是改良土壤的資材。在田中先生的田裡，所有蔬菜都使用手作堆肥。雖然幾乎不含肥料成分，但透過每年混土的過程，長時間後也能慢慢地發揮肥料的效果。作法請參照 **84** 頁。

有機石灰

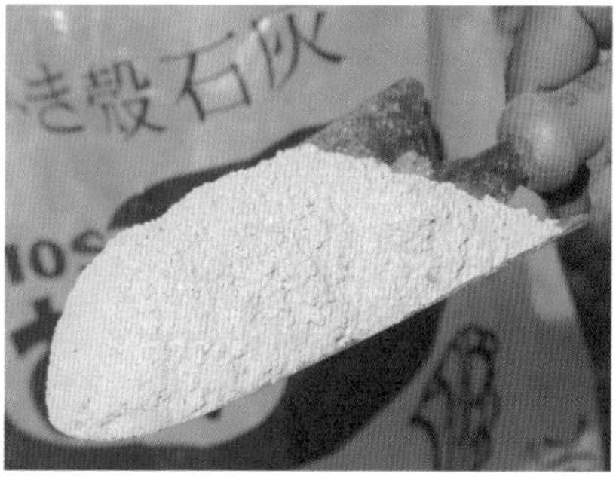

能用於所有的蔬菜。混入田裡可中和偏酸性的土壤。像蟹殼石灰類的有機石灰，效果穩定而持久。但因為效果緩慢，最好在播種前 **2** 週混合完成。春天只要混土一次就夠了。

手作液肥

可用於所有蔬菜的追肥。油渣以水稀釋後使其發酵，使用時，將上層清澈的液體再以水稀釋，噴灑在蔬菜的根部。適合作為追肥的是液肥、有機發酵肥料、發酵雞糞等效果較快速的肥料。液肥的作法請參照第 **122** 頁。

手作有機發酵肥料

將米糠、油渣等有機肥料混合後，加入水份讓其發酵，屬於手作的特製肥料。用作香瓜、南瓜、西瓜的基肥，能讓果實更加甜美。效果快速且持久。作法請參照第 **106** 頁。

種菜的建議

配合蔬菜種類，改變營養素的平衡

如左邊所舉的例子所述，因為蔬菜種類不同，所需的營養也不一樣。雖然氮素是所有蔬菜需要的元素，但採收果實的蔬菜則需要多一些磷酸。白蘿蔔、紅蘿蔔等根部會長大的蔬菜則需要多些鉀素。調整土壤酸度所使用的草木灰（128頁），同時也能補充土壤的鉀素。葉菜類則需氮素才能順利生長。

食用果實的蔬菜

使用磷酸豐富的肥料而生長良好的果菜。米糠或油渣裡混入骨粉後略微混合。

食用根部的蔬菜

補充鉀肥能使根菜類生長良好。米糠或油渣裡含有較豐富的鉀肥。草木灰也能補充鉀肥。

食用葉片的蔬菜

食用葉片的蔬菜必須補充氮肥較多的肥料。建議使用米糠或更多氮肥的油渣。

Q 該如何掌握肥料份量呢？

A 田裡施肥也必須掌握「八分飽」的原則。才能培育美味健康的蔬菜。依照蔬菜種類及土壤狀態增減肥料量。

雖然肥料量不足會導致土壤不夠肥沃，無法栽種蔬菜，但肥料過多也是大忌。一心想讓蔬菜長得更好，總在不知不覺中給了太多肥料，但肥料過多反而會導致蔬菜疲弱，成為病害或蟲害的原因。所以必須和人類吃飯一樣，最好是八分飽的狀況，蔬菜才能健康生長。

依照蔬菜種類適量地給予肥料。以米糠或油渣作為肥料時，菠菜或小松菜等小型葉菜類，1㎡約施放200～300g。大型葉菜類、果菜類、根菜類則1㎡大約施放500g。反之，馬鈴薯、南瓜、毛豆等施肥過度，會導致枝葉茂密卻不結實的狀況，一定要特別注意。

話說，若將所需的肥料量一次全部施放完畢，恐怕會導致肥料過多。為什麼呢？因為田地土壤中，大多殘留前次蔬菜尚未完全吸收的肥料（這就是所謂的

「殘肥」）。採收期很短的萵苣，以及重複施肥的茄子等，都是屬於殘肥較多的蔬菜。為了避免肥料過多，施肥時必須稍微控制肥料份量。

另外，土壤中若混入肥料效果較佳的手作生廚餘堆肥時，也必須控制肥料份量。

重要

葉色深濃是肥料過多的證據！

健康蔬菜的葉片會呈現淡淡的綠色。照片上就是控制肥料量下所培育出來的蔬菜。呈現和周圍雜草大致相同的葉色。這樣的蔬菜吃起來也非常美味。蔬菜若施肥過多，硝酸態氮肥等有害成分會增加，導致葉色深濃、苦澀或帶有嗆味。不但味道不佳，對身體來說也不健康，還容易產生病蟲害，一定要特別注意。

種菜的建議

有肥料吸收不完全的蔬菜也有肥料吸收殆盡的蔬菜

有些蔬菜無法完全吸收肥料，而有些蔬菜卻可以將肥料份量吸收殆盡。尤其是地瓜類的肥料吸收力特別強，收成後田裡的肥料毫無所剩。因此，地瓜收成後，田裡最好種植不太需要肥料的毛豆。

另外，種在殘肥很多的蔬菜後面，幾乎不需要基肥也能生長。茄子後面種植高麗菜可以長得很好的理由就在這裡。

肥料吸收殆盡的地瓜。收成後最好種植毛豆。如果種植其他需要肥料的蔬菜時 則必須確實施放基肥後才能種植。

茄子收成後的田裡，因為之前不斷追肥之故，殘留的肥料也很多。高麗菜僅吸收茄子留下來的肥料就可以順利生長。利用蔬菜這種特質來訂定種菜計畫，種菜就會成為很快樂的工作。

Q 該怎麼施放肥料呢？

A 建議採用將肥料掩埋在偏離根部周圍的「割肥」避免產生肥燒現象，讓蔬菜健康生長。

最好結合基肥和追肥進行施放

能成功種出美味蔬菜的人，其共通點是肥料較少。因擔心肥料效果過強，建議不要一次施放全部的肥料量，而是在定植前先施放一半的肥料量（基肥），之後再依照蔬菜生長的狀況追加另一半的肥料量（追肥）。

雖然短時間就能採收的葉菜類採取全面施放肥料的方式，但大部分的蔬菜，都採用「割肥」的方式，將基肥埋在距離蔬菜略遠處的土壤中。如此就能避免根部碰觸肥料而引起肥燒現象，蔬菜為了吸收肥料，根部會逐漸擴展，健康地生長。

施放肥料的方法，在57頁後有詳細的介紹。

Q 什麼是有機發酵肥料？

A 米糠等有機物質發酵而成的肥料。因為效果快且持久，是可用於基肥或追肥的萬能肥料。

輕鬆製成效果快速，最適合作為追肥的有機發酵肥料

有機發酵肥料是以米糠和油渣等數種有機肥料作為材料，再添加發酵菌和清水後發酵而成的肥料。有機發酵肥料手作起來很輕鬆，就算是家庭菜園，也有很多人使用有機發酵肥料種出美味可口的蔬菜。作法請參照第１０６頁。

作為追肥的肥料，經常被要求效果要快速。蔬菜需要肥料時，不管什麼時候都必須補充。有機肥料的特性是必須歷經一段時間，才能顯現效果，而有機發酵肥料的最大優點就是效果快速。因此，有機發酵肥料可說是最適合作為追肥使用。另外，因為其效果持久，也經常被當作基肥使用。

Part 2

以堆肥造土

基本 介紹造土的順序

在種植前2週混進土壤中吧！

為了造出鬆軟的土壤，必須掌握重點訣竅！從施放有機肥料到肥料發揮效果之間，需要一段時間。所以，田裡的準備工作必須要儘早完成。

將堆肥及肥料混入田畝中，再鋪上覆蓋物

要種植蕃茄、茄子、小黃瓜、西瓜等夏季採收的蔬菜，5月連休前後是最佳時機。在此前兩週就必須將田裡的工作準備就緒。

首先要進行田地的整理工作。堅硬的土壤進行翻土，清除雜草及前次蔬菜的殘根。混入堆肥、有機石灰，然後作畝，就算完成了準備工作。若要進行覆蓋栽種，也要在此時覆蓋塑膠布。

須完成準備工作

翻土 清理雜草及蔬菜殘根

清理田地。清除小碎石及殘破的塑膠布等。土質很硬時，使用鏟子進行翻土較為輕鬆。

種植前

5月
連休前後
種下菜苗

施放
堆肥、有機石灰
、肥料作畝

種植夏季蔬菜時，必須等到氣溫及地溫充分升高後再進行。根據區域的不同，5月連休前後是最恰當的時期。

利用堆肥活化土壤。因為有機肥料必須經過一段時間才能顯現效果，因此在種植前2週就必須完成作業。

覆蓋塑膠布，可保持土壤濕潤、暖和，蔬菜能生長得更好。

STEP 1

整理雜草

1 作畝之前必須先拔除殘留的蔬菜及雜草。使用三角鋤進行除草作業會比較輕鬆。連根拔起後集中堆積在某處。※也有不翻土、不拔雜草的蔬菜種植法(44頁)。

2 在通道掘溝，掩埋拔除的雜草。也能在田裡的角落掘洞後埋起來。只是，埋入整田的大量雜草，也是問題的根源(51頁)。

3 雜草堆入溝裡，用腳確實踩踏後覆蓋土壤。這些雜草不久後也會被微生物分解，回歸土壤裡。雜草量很多時，不要掩埋起來，將其堆放在田間角落，作為之後覆蓋土壤的材料或堆肥亦可。

STEP 2

翻土
做出田畝

1 堅硬土壤進行翻土時，使用鏟子會比較輕鬆。將冬季期間變硬的土壤大塊掘起後搗碎。

2 將掘起的土壤壟成田畝狀。若有土塊必須將其搗碎。小石頭和垃圾必須清除。照片上的工具是耙子，是整平土壤時所使用的方便工具。

3 完成田畝的形狀。做成田畝的形狀是為了讓土壤的排水性和通氣性更佳，如此對蔬菜的生長也更有幫助。排水良好的田地，田畝可以低些。反之，排水狀況不佳的田地，田畝高度最好高些。

STEP 3

施放
堆肥、
有機石灰、
肥料後作畝

① 田畝表面混入堆肥。份量大約以1㎡混入3～5公升。為了不讓堆肥中棲息的微生物曝曬陽光而死亡，所以必須盡速完成①～⑤的作業程序。

② 撒放有機石灰。份量大約1㎡200g。田畝表面形成薄薄一層白色的程度即可。

3 田畝表面施放有機肥料。種植前施放的肥料稱為「基肥」。必須控制基肥的份量，在此僅施放蔬菜所需的一半份量。

4 以圓鍬或鐵耙將撒下的資材混入田畝中。鬆鬆地和土壤混合，不要殘留肥料及有機石灰塊即可。

5 使用鐵耙等調整田畝的形狀。將表面整平並調整形狀。以鐵耙等按壓緊實，避免田畝邊緣崩壞。

POINT 將田畝表面整平

完成後，使用板子在田畝表面輕輕按壓。土壤表面整平可防止乾燥。

STEP 4

利用覆蓋塑膠布進行種植

① 以圓鍬等工具在田畝周圍挖出約 10 cm的深溝，掩埋塑膠布的邊緣。使用三角鋤較容易作業。

② 將塑膠布邊緣埋入溝裡，從田畝的一端展開，以土壤壓住後，再用腳踩踏緊實使其固定。

③ 將塑膠布拉開覆蓋整個田畝。照片中約為 60 cm寬的田畝，所以使用 95 cm的塑膠布。田畝寬度若為 90 cm，使用 135 cm寬的塑膠布剛好。

④ 到了田畝的另一端終點，將塑膠布剪斷，再和②一樣以土壤覆蓋後緊實固定。

5 田畝兩側的塑膠布邊緣也埋入溝中，再以土壤覆蓋。為了讓塑膠布展開時能緊貼土壤表面，必須邊拉塑膠布邊緣邊進行作業。若邊緣沒有確實固定，風一吹，塑膠布可能會整個被掀開，一定要特別小心。

6 覆蓋塑膠布後的田畝。因為具有保溫、保濕的效果，**2**週後進行種植時，田畝土壤會呈現緊實、熱呼呼的效果。黑色塑膠布也具有抑制雜草生長的功能，栽種夏季蔬菜時非常推薦。

建議使用有機覆蓋物

建議盡量不要使用塑膠布，最好以割下的雜草或稻桿等自然素材作為覆蓋物。不但能適度保持土壤的溼度，也具有保溫的效果，鋪上厚厚一層也有抑制雜草生長的效果。

另外，盛夏時期還能抑制地溫急速上升，有助於蔬菜的生長（**55**頁）。

割下的雜草覆蓋於田畝上，可保護菜苗不受寒。

應用①

製造不耕起田地的土壤

所謂「不耕起栽培」就如字面上的意思一樣，田地不需翻土就能種植蔬菜的方法。整過一次田畝後，就一直持續利用下去，盡量不去破壞微生物所形成的土壤構造。

將植物的根殘留在土中，形成肥沃度高的土壤

一般來說，播種或種植幼苗時都必須進行翻土，但現今採用「不耕起栽培」，也就是不進行翻土，直接種植蔬菜的人有愈來愈多的趨勢。不耕起栽培除了可以省下翻土的勞力之外，持續下去微生物還能造就肥沃的土壤，成為適合種植蔬菜的田地。

雖說是不耕起栽種，卻非完全不需要翻土。僅在第一次作畝時進行翻土，之後就一直持續使用。施放堆肥或肥料時，採點狀施放，僅混入表面的程度即可，田地不

只翻土一次的田畝雖然持續使用，但雜草拔得非常乾淨，管理相當得宜的田地。雖採不耕起栽培法，還是有各種管理方式。

進行深耕的翻土動作。田畝的變動僅止於種植以及種植之前的準備和日後田畝若崩壞時調整形狀而已。

蔬菜和雜草不連根拔起，而是在根基部割下。雖然土壤裡保留蔬菜或雜草的殘根，但殘根會被微生物分解，在土壤中形成無數個像網目一樣的細微空洞。如此排水及通氣性變佳，成為適合微生物棲息之地，土壤因此而肥沃。

此外，還有另一保留殘根的理由。那就是為了活用植物根部寄生的微生物「菌根菌」之故。菌根菌若附著在根部，會在土壤中伸展出縱橫無數的菌絲，不久，菌絲就會連結許多植物的根部，彼此之間透過菌絲相互補給養份。如此一來，蔬菜不僅能攝取自身根部周圍的養分，還能在土壤中廣泛地吸收養分，健康地成長。

如此持續進行，就能減少肥料的份量，當然也可能進行無施肥栽培。但數年過後，分解不完全的根部在土壤中會形成地毯狀，所以建議大概五年還是要進行一次全面性的翻土。

無須理會前作的蔬菜或雜草。僅挖出要種植的植穴，將植穴周圍的草割除後種植菜苗即可。

抑制雜草讓蔬菜健康生長的田地

所謂的不耕起栽培是採取不破壞蔬菜、雜草根部和微生物所形成的土壤層，使用相當接近自然原始的方式來造土。

但這並不是指放任雜草恣意蔓延，依照蔬菜生長的狀況來管理雜草是非常重要的。

首先，播種或種植菜苗時，必須先將部分的雜草割除，騰出種植的空間，在此空間裡播種或種植菜苗。而且，為了防止土壤乾燥，可將割下的雜草覆蓋在土壤表面。

覆蓋土壤的雜草，擁有像棉被一樣的作用，可防止土壤乾燥，下大雨時也能避免種子流失。保溫的效果也非常好，相當有利於發芽。

不久，當蔬菜開始發芽後，會從覆蓋的雜草間竄出頭來，菜苗的種植方法也和播種一樣。

從此之後的雜草管理相當重要。菜苗周圍生出雜草時，

1 採收蔬菜時，不連根拔起，而是延著地面割下。只挖出種植的植穴種植菜苗。

必須以鐮刀將雜草割除。為了讓蔬菜苗不要輸給雜草，必須助其一臂之力。若稍不留神，雜草長得比蔬菜苗高時，會遮蔽蔬菜的陽光，導致無法順利生長，一定要特別注意。雜草的高度不得超過蔬菜高度的一半。蔬菜成長到某種程度後，為了避免通風不良，必須適當地割除雜草才能健康生長。重要的是割除雜草時，將割下的雜草堆積在蔬菜根部，作為覆蓋之用。

這時若連根拔起，恐會傷及蔬菜根部，所以一定要就著地面割草。稍不謹慎也可能傷了菜苗，所以割草時一定要小心。

播下白蘿蔔等根莖類的種子時，就必須將前作的蔬菜和雜草連根拔除。若土壤中殘留舊根，會成為阻礙物導致白蘿蔔產生裂根現象。

活用雜草的田地，乍看之下好像荒野，但若能適度抑制雜草，蔬菜也能有活力的生長。多種植物共同生長時，土壤中棲息的微生物也愈多樣化，較不易引起連作障礙及病害。

2 菜苗種下後，離菜苗略遠處（30～50 cm）挖出數個洞穴，將堆肥和肥料埋入與土壤混合作為基肥（64頁）。

3 ①步驟中所割下的雜草，鋪在菜苗周圍作為保溫、保濕之用。種植後為了不妨礙菜苗生長，必須將菜苗周圍的雜草割除。

包容雜草生長，好處多多！

應用②

活用雜草製造土壤

雜草不一定要完全清除乾淨，也能和蔬菜適度地共存共生。多種類植物生長的田裡，微生物也呈現多樣化，不易產生病害為其優點。

將割下的雜草鋪在田裡，和大自然一起造土

割除雜草、翻土作畝，田畝表面覆蓋割下的雜草，活用雜草來打造田地，土壤自然地變為鬆軟狀。覆蓋的雜草透過微生物分解，促進土壤團粒化，形成自然翻土的狀態，造就通氣性佳的土壤。

覆蓋厚厚的雜草，土壤不易乾燥，還能抑制爛泥濺起，同時也形成天敵蟲居住的場所。甚至還能抑制雜草生長，好處說不盡。

覆蓋的雜草下方，白色霉菌繁殖，開始分解雜草。以手捧取土壤，觸感濕潤且鬆軟。

1 蔬菜周圍覆蓋割下的雜草，正好成為微生物的棲息地。土壤中的蚯蚓也會增加，土壤生物和微生物活動旺盛。雜草被分解後，會回歸土地。此外，厚厚覆蓋一層割下的雜草，較不易衍生其他雜草，田地管理上也較為輕鬆，通道部份最好也能覆蓋割下的雜草。

2 長出柔軟的草，就是土壤肥沃的證據。像這樣雜草適度生長的田地，即使日照也不易乾燥，對蔬菜的生長相當有利。

Point 01

使用完熟堆肥

完熟的堆肥無臭味、散發好氣味！

必須使用完熟的堆肥。完熟的堆肥沒有臭味，甚至散發出淡淡的香氣。不會發出腐敗或阿摩尼亞等難聞的臭味。

購買堆肥時要選擇標示「完熟」或「發酵完成」者。此外，價格低廉的堆肥，大多品質不佳，所以選擇堆肥一定要慎重。

若將未完熟的堆肥混入田裡，會在土壤中發酵，釋放出瓦斯及一種有機酸，會導致菜苗根部虛弱。還要特別注意的是不要使用腐敗、發出臭味的堆肥，除了會產生病蟲害之外，還會汙染地下水。堆肥是否完熟，雖然可以透過臭味來判斷，但還是進行完熟度測試會比較安心。若判斷尚未完熟，使其再度發酵、熟成後再利用（73頁）。

橋本力男先生（堆肥・育土研究所）示範堆肥成熟度測試。空瓶裡放入堆肥和水搖晃混合，蓋上蓋子置於室內10日以上，然後嗅聞看看是否有臭味的測試方法。若無臭味或散發出香氣，就表示沒有問題了，若產生難聞的臭味，就能判斷其為未熟成或腐敗的堆肥。

Point 02

不要施放過多肥料

肥料過多是造土失敗的原因

造土失敗的原因有一大半是因為肥料施放過多。土壤混入堆肥，雖然可以造就微生物增生的土壤，但若混入大量的肥料，會破壞微生物的平衡。最終淪為病蟲害很多且不健康的田地，一定要特別注意。

養分過多的田裡，種出來的蔬菜不但疲軟，而且還容易遭受病蟲害。肥料分為基肥和追肥施放，最好以八分飽的概念來種植蔬菜較為理想。肥料施放的方法請參照第61頁。

此外，也要控制割下的雜草和蔬菜殘渣直接混入土壤的份量，超過土壤能負荷的消化能力，也會成為問題的根源。建議可將這些作為堆肥材料或覆蓋在田畝上，作為有機覆蓋物使用。

軟腐病的高麗菜。疲軟的蔬菜提供病原菌入侵的機會。肥料施放過多對蔬菜來說，無疑是一種毒物。

Point 03

改良砂質土壤

混入堆肥讓有機物增生

砂質田地排水狀況良好、容易保溫為其特徵。種植西瓜、蔥等蔬菜能健康地生長。此外，也很適合紅蘿蔔、白蘿蔔等根莖類蔬菜的生長。

其缺點為不具保水力，土壤容易乾燥。砂質土壤較粗、縫隙多，因毛細管現象，水很難從地下上來。保肥力也很弱，即使施了肥也會隨著雨水流失。

因此，必須充分施放堆肥，增加土壤中的腐植質（69頁），提高保水力和保肥力為土壤改良的重點。粗砂質的田地是透過有機物，適度改善土壤縫隙的概念。混入赤玉土及山土也很好。此外，因為砂質田地的養分容易流失，勤快地施肥才能讓蔬菜順利生長。

將堆肥及腐葉土混入田裡，形成腐植質多的肥沃土壤，就能改善砂質土壤的土質。

Point 04

改善黏質土壤

利用堆肥形成土壤團粒化

黏土質田地保水力佳、保肥力高為其特徵。適合馬鈴薯、蕃薯、豆類等生長。反之，排水性不良，蔬菜根部所需要的氧氣極少為其缺點。因此，為了改善排水狀況，必須在一下雨就成為水路的通道上掘出排水溝。此外，也必須花點功夫將田畝高度加高以利排水。

再來，藉由混入堆肥增加微生物，促使土壤團粒化為重點。多混入些落葉堆肥、雜草堆肥、稻殼堆肥等手作堆肥來改善土質吧！多撒些河砂也很有效果喔！

因為黏土質田地保肥力高，往往容易養份過多。要避免混入過多的肥料及養分很高的生廚餘堆肥。

因為是黏土質田地，一降雨立刻就積水，蔬菜不易生長。為了讓排水順暢，在通路上掘出排水溝，做出高約 20 ㎝的高田畝。田畝裡混入大量稻殼堆肥可改善土質。

Point 05

改變堆肥的種類

更加活化微生物

如果要讓土壤狀況更為理想，與其使用單一堆肥，不如使用好幾種堆肥混入土壤中，更能達到改善土質的目的。這樣會讓田裡的養分及礦物質也變得複雜，微生物也會隨之活化起來。

要準備數種堆肥雖然有點困難，但若今年使用牛糞堆肥、明年使用落葉堆肥，像這樣混入田裡的堆肥種類時時改變，是改善土壤的重點。

例如、雖然牛糞堆肥是土壤改良的優質堆肥，但也經常使用鋸木屑作為副資材。因為鋸木屑分解較為緩慢，如果每年都持續使用牛糞堆肥，土壤中的木屑就會凝結成塊。不久後鋸木屑雖然會被分解，但土壤中的養分（氮肥）也會被剝奪，阻礙蔬菜生長。

使用堆肥進行土壤改良。改變每年使用的堆肥，可造出更優質的土壤。

Point 06

使用有機覆蓋物

微生物自然地進行翻土

土壤改良時，使用有機物作為覆蓋物非常有效。有機覆蓋物是指將割下的雜草、稻桿、落葉等覆蓋在田畝表面。這些有機覆蓋物和地面接觸的部份，正好會成為微生物的活動場所。因為此處具備了氧氣、水份、溫度等對微生物有利的良好條件。

這些成為食物的有機覆蓋物漸漸分解的同時，微生物也會增生，從土壤表層開始漸漸團粒化。

有機覆蓋物具有保濕及保溫、抑制地溫急速上升、避免雨水濺起爛泥等效果。事實上，對於土壤改良來說更是具有極大的好處。務必要嚐試看看喔！

另外，未熟成的堆肥混入土壤中雖然會成為問題的來源，卻可以作為覆蓋物。土壤的表層會被微生物分解，割下的草或落葉也同樣地具有土壤改良的效果。

蔬菜根部覆蓋割下的雜草。有機覆蓋物的下方，各種微生物活力旺盛地進行翻土，土壤自然而然轉為肥沃。

Point 07

活用雜草的功能

雜草造就鮮活土壤

雜草的存在總是被認為有害處，但如果好好利用，或許可以和雜草共生共存。

活化雜草培育蔬菜的方法就是44頁開始介紹的不耕起栽培。雜草不連根拔起，沿著地面割下後，漸漸堆積在菜苗周圍。除了可以抑制新生雜草之外，也會成為土壤肥沃的田地。

田裡橫行的筆頭草，若能從另一角度來看，其存在是非常有利的。因為筆頭草的根部會延伸至土壤深處，從很深的地下吸收礦物質和養分。若能適當地割下，順手鋪在地面上，就會成為蔬菜的養分。而且，因為其高度不高、葉片纖細，並不會阻礙陽光的照射。

鐮刀將雜草割下後，順手鋪在地表上作為覆蓋物。在活用雜草的栽培法中，為了不讓蔬菜輸給雜草，必須適度地進行割草。一般被當作廢物處裡的筆頭草，若當作覆蓋物使用，對土壤的肥沃化具有相當的貢獻。

Part 3

堆肥和肥料的施放方法

堆肥的施放方法

用心於堆肥的施放方式能造出效率好的土壤

整塊田全面混入堆肥的方法稱為「全面施用」。利用機具打造寬廣農地時，全面施用是比較有效率的方法。

但是，不如農田這麼寬廣的家庭菜園，因為面積較小，適合使用僅在田畝部分混入堆肥的「局部施用」。若使用全面施用，連同通道也會混入堆肥而形成堆肥的浪費。就算少量的堆肥也能發揮同等的效果，也能造出更有效率的土壤。在此介紹的三種例子是混入堆肥的三種代表性方法。不論何者都能進行局部施用。除此之外，也有在菜苗植穴裡加入一小撮堆肥等方法。

堆肥 型態 1

堆肥全面混入田畝

田畝處混入堆肥，以鐵鍬或耕耘機混入堆肥的方法。可以同時混入有機石灰或有機肥料。混入後再將土壤壟起做成田畝。

適合葉菜類、豆類、根菜類等所有蔬菜。因為深耕後做成的田畝，白蘿蔔和紅蘿蔔也能順利生長。

堆肥　型態 2

堆肥混入田畝表層

將堆肥混入田畝表層約5～7㎝的方法。因為作用在空氣能到達的表層土，可讓微生物活動旺盛，促使土壤團粒化。和型態1相同，也可以同時混入有機石灰或有機肥料。進行不耕起栽培的田地，為了提升地力而施放堆肥時（部分耕）會使用此種方法。

適合用於各種蔬菜。除了葉菜類、根菜類之外，也很適合淺根的小黃瓜等瓜科蔬菜。

堆肥　型態 3

田畝掘出溝狀施放

在田畝中間處掘出約20㎝的深溝，埋入堆肥及有機肥料的方法。埋放後再將土壤壟起做成田畝。有機石灰也在此時混入田畝中。

適合蕃茄及茄子等栽培期較長的蔬菜，蔬菜根部延伸至土壤深處，慢慢吸收養分生長。也很適合馬鈴薯（64頁）、蕃薯等需要掘溝種植的蔬菜。

新墾田地必須以大量堆肥造土

土壤的肥沃度可以觀察田間雜草而得知。若田畝長出筆頭草或莎草等尖形葉片的雜草，表示土地非常貧脊。若長出繁縷或寶蓋草等圓形且柔軟的葉片則表示土壤肥沃。

雜草很少，微生物也很少的新墾田地，第一次必須施放大量堆肥來造土。一般堆肥量大約1㎡施放3～5公升，但只有第一次最好是1㎡施放10公升來增加土壤中的微生物。翻土時混入堆肥，田畝完成後再進行種菜吧！地瓜等應該可以順利生長。從第二年開始，慢慢地減少堆肥施放用量，持續進行造土。

長出筆頭草的土地，表示非常貧脊。隨著持續造土，柔軟的雜草會漸漸增生。

肥料（基肥）的施放方法

依照所種的蔬菜選擇施肥的方式

所謂「基肥」是指種植蔬菜前所施放的肥料。施放方式有數種型態，適合各種不同的蔬菜。

型態1是將肥料混入整塊田畝或表層的方法，也可以將堆肥或有機石灰一起混入（58～59頁）。適合所有蔬菜，特別是小松菜等葉菜類蔬菜最為適合。

型態2～4是將肥料施放於距離蔬菜略遠處的方法。適合栽培期較長的蕃茄及茄子等。蔬菜根部若接觸肥料會引起肥燒現象而導致蔬菜疲軟，要特別注意。

堆肥 型態1

施放於整塊田畝或表層

田畝表面施放肥料，將肥料混入田畝表層約5～7㎝的方法。小松菜及菠菜等短時間可採收的葉菜類蔬菜，將肥料全數混入可順利生長。栽培期間較長的蔬菜，最好以基肥半量＋追肥半量的比例施放。也很適合白蘿蔔、紅蘿蔔等根菜類或小黃瓜等根淺的瓜類。

●適合的主要蔬菜●

小松菜及菠菜等葉菜類蔬菜。白蘿蔔、紅蘿蔔等根菜類或小黃瓜、花椰菜、高麗菜、大白菜等都適合使用追肥。蕃薯、毛豆等若已經混入堆肥，則幾乎不需肥料。

●適合的主要蔬菜●

適合茄子、蕃茄、青椒等茄科蔬菜以及小黃瓜、西瓜、南瓜、苦瓜等瓜科蔬菜。栽培期間很長的蔬菜，初期肥料效果較佳，也適合藤瓜類蔬菜。生長後半期進行追肥。因為根部不會直接碰觸肥料，也很適合白蘿蔔。

基肥 型態 2

埋入田畝兩側

以堆肥和有機石灰造土後做成田畝時，在田畝兩側掘溝後埋入肥料的方法。蔬菜根部延伸至土壤深處，慢慢吸收養分生長。適合栽培期較長以及可以長時間持續採收的蔬菜。一開始不要施放全部的肥料量，基本上以基肥半量＋追肥半量的比例施放。

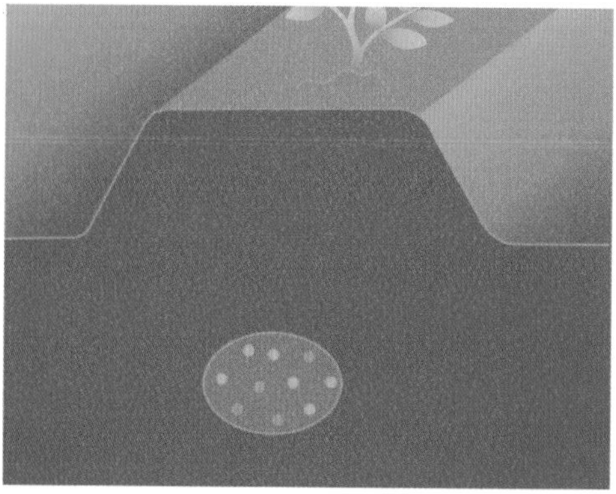

●適合的主要蔬菜●

適合茄子、蕃茄、青椒等栽培期較長的蔬菜。馬鈴薯（參照64頁）、蕃薯、蔥、蒜頭等必須掘溝種植的蔬菜也很適合。建議在田畝上種植兩列白蘿蔔等根菜類，生長後半期使用追肥。

基肥 型態 3

埋入田畝中間

在田畝中間埋入肥料的方法。田畝中間掘出約15㎝深的溝，埋入堆肥和肥料。埋入後再將土壤壟起做成田畝。和型態2一樣，蔬菜根部會延伸至有肥料的地方。適合生長期較長的蕃茄及茄子。基肥半量＋追肥半量為基本原則。將肥料埋入寬廣田畝的中間，蔬菜也可以成兩列種植。

1 兵庫縣的井原英子女士（90頁）的田間準備。首先在田畝中間挖出施肥的條溝。

2 條溝裡放入雜草堆肥、稻桿、米糠。米糠裡混入少量的「乳酸酵母菌」（91頁），可以加速有機物發酵分解，是土壤改良的微生物資材。

3 以周圍土壤掩埋。

4 調整田畝形狀，種植工作即告完成。井原女士說：「中間埋入肥料的田畝裡，種植兩列蔬菜。感覺蔬菜會過來吃肥料，蕃茄及茄子等果菜類、白蘿蔔等根菜類、生長期間較長的大白菜也很適合這種方式」。

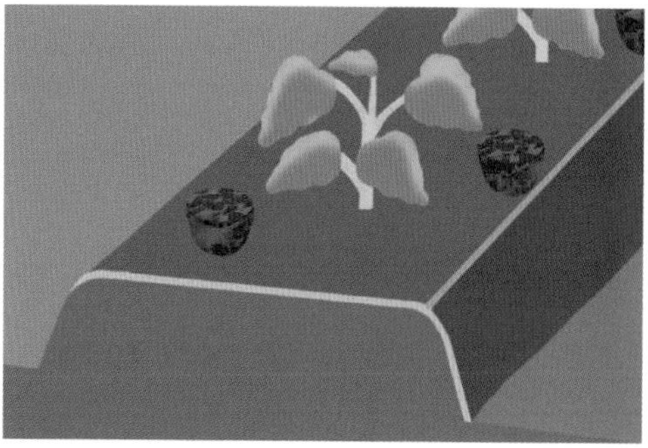

●適合的主要蔬菜●

適合小型葉片之外的所有蔬菜。如蕃茄、茄子、小黃瓜、西瓜等果菜類。除了馬鈴薯、蕃薯之外，也適合高麗菜、大白菜、花椰菜、四季豆，豌豆等。

基肥 型態 4

點狀施肥

分成數個地點將肥料掩埋在距離蔬菜苗約 30 ～ 50 cm的地方，就是所謂點狀施肥的方法。也有一種方式是將肥料施放在蔬菜與蔬菜之間。蔬菜為了取得肥料，根部會延伸以吸收營養。適合栽培期較長以及能長期採收的蔬菜。尤其在不耕起栽培的田裡，特別建議採用這種施肥方式。

POINT

馬鈴薯 最好將肥料 施放在種薯之間

馬鈴薯的基肥，建議如照片所示，施放在種薯與種薯之間較佳，讓定植速度較快。首先挖掘植溝，再混入熟成堆肥充份混合後（土壤若偏鹼性，容易發生黑星病，混入有機石灰可有效控制）。植溝中每隔 40 cm放置種薯，種薯與種薯之間施放一小把有機肥料。然後再覆蓋周圍土壤就完成了種植。馬鈴薯的種植時期為春季和秋季。請務必要試看看喔！

肥料（追肥）的施放方法

一點一點施放速效性發酵完成的有機肥料

地瓜及西瓜等栽培期較長的蔬菜，以及蕃茄、茄子、四季豆等可以長時間持續採收果實的蔬菜，到了生長後半期，最初時所施放的基肥已呈現養分不足的現象。

因此，必須追加肥料才能夠持續生長。追肥的重點在於使用速效性的肥料。為了讓肥料不足的蔬菜能很快地吸收養分，最好使用發酵油渣、發酵雞糞、有機發酵肥料等發酵完成的有機肥料較佳。

此外、追肥施放的位置也很重要。鎖定根部前端周圍，施放於距蔬菜根部略遠處。

POINT 鎖定根部前端周圍，施放於蔬菜根部略遠處

鎖定蔬菜根部前端周圍，施放在距離根部略遠處是追肥的重點。大約是闊葉蔬菜的葉片正下方位置。當然，隨著蔬菜的成長，追肥的位置也會逐漸往外擴展。少量的有機肥料（使用效果快速的完熟肥料）和土壤混合時，大致混合即可。
和基肥一樣，一次大量施放追肥容易導致蔬菜生病及產生蟲害。控制追肥份量是蔬菜順利生長的秘訣。

1 茄子進行追肥。因為茄子會陸續結出果實，所以開始採收後，一週施放一次追肥的頻率最為恰當。手作的有機發酵肥料，薄薄一層撒在葉片前端正下方處即可。

2 將有機發酵肥料大致地混合在土壤表面，土壤乾燥時務必記得補充水份。微生物能盡速分解肥料，茄子就能吸收養分。

POINT 液肥必須充分稀釋後施放

因為液肥效果快速立現，很適合用於追肥。可利用市售的液肥或製作生廚餘堆肥時採取的液肥（117 頁）。無論何者，使用時都必須先充分以水稀釋後再行施放。若使用濃度過高的液肥，容易引起蔬菜根部的肥燒現象，導致蔬菜疲弱。依照蔬菜的狀況而定，一週約 2～3 次，將液肥充分稀釋後如澆水般施放即可。

基本

整地前不可不知的關鍵詞

為什麼要翻土整地？堆肥到底是什麼？在此針對整地翻土前不可不知的重要關鍵詞進行說明，蔬菜要扎根，正確的整地翻土非常重要。

【翻土】

種植前進行整地翻土是將空氣拌入土壤中的重要作業。蔬菜的根部非常需要氧氣，過於硬質的土壤讓蔬菜根部無法健康伸展，導致蔬菜的生長狀況不佳。此外，透過土壤中許多微生物的作用分解堆肥或有機肥料等有機物質，蔬菜能從根部吸收這些分解後的物質作為成長所需的養份。要讓這些微生物活動旺盛，也必須藉由充足的氧氣。因此，請用圓鍬或耕耘機進行鬆土作業吧！

【堆肥】

堆肥是指將落葉或稻桿、雜草等植物性的有機物及牛糞、馬糞等動物性的有機物，透過微生物的活動，使其在一定時間內發酵

製造飽含空氣的土壤，必須將土塊鬆開。過度翻動或耕耘會導致土壤太過於綿密，反而容易凝結成塊，所以鬆土只要適度即可。

後，作為土壤改良的資材。將堆肥混入土壤中，可促使微生物增生，形成土壤團粒化，改善通氣性、保水性、排水性，甚至還有抑制病害發生的效果。雖然堆肥和肥料不一樣，養分含量非常少，但長時間下來也能逐漸地提供蔬菜養分。除了購買市售的堆肥之外，也能自己動手製作堆肥（71頁開始）。

【發酵】

透過製作堆肥讓微生物分解有機物的過程就是所謂的發酵。加入適量的水份和空氣，讓喜好氧氣的微生物活躍，促進有機物的分解。堆肥會因為發酵熱而產生高溫，裝入後1～2天超過60℃是關鍵點，可說是發酵順利的證據。

因為發酵熱會殺死雜草種籽和有害蟲卵、有害微生物等60℃，混合在田地裡也能成為讓人安心的堆肥。水份過少無法順利發酵，反之，水份過多會導致堆肥材料腐敗。

【翻動】

堆肥1～2天後會產生超過60℃的高溫，此時必需將堆肥材料上下翻動混合，此動作即稱為翻動。翻動是很重要的程序，主要目的除了

使用櫟樹或橡樹等落葉，經過一年的手作堆肥。確實作好發酵管理就能造出良質堆肥，各項堆肥的作法請參照71頁開始的內容。

提供不足的氧氣之外，還能補充微生物因發酵熱而蒸發的水份。材料過於乾燥可先澆淋水份後再進行翻動。每當溫度上升就重覆進行翻動作業，不久後溫度就能穩定下來。之後只要放置著等待熟成即可。

【腐植質】

山野地區成堆的落葉底下，會發現經微生物分解後的落葉轉變成如土壤般的變化，那就是所謂的腐植質。腐植質是有機物經微生物分解後，成為像黑色土壤般的東西。含豐富腐植質的土壤，適合植物健康生長。該如何增加田裡的腐植質是種菜成功的關鍵。透過將堆肥混入田裡的方式，形成腐植質較多的肥沃土壤。

【有機肥料】

蔬菜生長若只靠堆肥的養分絕對不夠。因此，營養豐富的米糠、油渣等有機物質常被作為肥料施放於田裡。有機肥料經過土壤中微生物充分分解之後，會轉為養份被蔬菜根部吸收。

有機肥料中除了將米糠、油渣、魚粉、雞糞等生的有機物乾燥而成的肥料之外，也有發酵油渣、發酵雞糞等經過一次發酵，容易使用於田裡的肥料（26頁）。

藉由翻動促使微生物活躍，造出優質的堆肥吧！慢慢熟成後，會形成如黑色土壤般的堆肥，製作堆肥可說是藉由人為的動作來製造腐植質。

【有機發酵肥料】

微生物讓有機肥料發酵後，很容易就能當作田裡的肥料使用。將米糠、油渣、魚粉等數種有機肥料適當地混合，養分和礦物質更為均衡，更適合種植蔬菜。

有機發酵肥料因為經過一次發酵，和未經發酵的生有機肥料比起來，施放之後很快就能顯現肥料的效果。作為基肥當然沒問題，也很適合作為追肥使用。雖然市面上販售的有機發酵堆肥應有盡有，也可以親自動手製作（106頁）。

【酸度調整】

幾乎所有的蔬菜都適合中性～弱酸性的土壤。在多雨的日本地區，因為鹼性成分流失，所以土壤偏向酸性，因此土壤中必須混入鹼性的石灰材質中和酸鹼度，調整成適合種植蔬菜的弱酸性。

雖然市面上有販售消石灰、苦石灰等各種石灰資材，但我建議使用有機石灰。其中含有的貝殼及貝化石原料混入土壤後，會慢慢發揮持續性的效果。

有機發酵肥料可說是萬能肥料，最好以隨手可得的材料親手製作，製作方法也很簡單。裝入後夏季約需2週，冬季約需2～3個月即可完成。

土質偏向鹼性蔬菜較容易產生病害，可混入石灰資材中和，春季預備種植時混入一次就足夠了。

Part 4

實作！造出溫和堆肥

落葉堆肥

能提升蔬菜美味

1 裝入

①落葉加水，以腳踩踏使其飽含水份。②落葉撒上米糠及油渣等氮素成分多的有機物，大致混合。土壤（細粒的紅玉土）和稻殼混合。

③堆積成半球狀，以舊的汽車套（※）覆蓋。

●裝入堆肥框時，分成數次將落葉堆裝入堆肥框裡，重複進行①②較容易操作。堆肥框滿了之後以廢棄汽車套覆蓋。

2 翻動

60℃以上的高溫約 1 ～ 2 天，就可順利發酵。裝入 1 週後進行第一次的翻動（68 頁）。之後每兩週翻動一次。因為高溫容易導致材料乾燥，所以要適度添加水份促使其發酵。

3 約 1 年完成

進行數次翻動，溫度約 40℃穩定後，就這樣以舊的汽車套覆蓋等待其熟成。大約 1 年就可以使用。

大概的材料標準

落葉	8
米糠等	1
稻殼	1
赤玉土	1

●各種材料的份量以桶子量好備用。希望總體積至少 1 ～ $3m^3$。

●落葉以杯計算，一杯一杯地將落葉倒入鐵桶後按壓緊實。橡樹、櫟樹、櫻樹、櫸樹等闊葉樹較適合。

●若沒有稻殼則將落葉比例調整為 9。

經過 1 年熟成的落葉堆肥。落葉呈現鬆散狀，無臭味。

※ 通氣性佳的舊車套較適合覆蓋在堆肥上。

四片水泥合板（水泥合板、厚三合板）組合而成的堆肥框。最好設置在樹下或屋簷下等不受雨淋、排水良好的地方較佳。避開一下雨就積水的位置，裝入後表面覆蓋舊的汽車套。露天的情況下，必須費心地蓋上水泥三合板或波浪板。

若失敗則再度發酵・再度熟成

如果擔心堆肥是否能順利完成時，建議可透過完熟度測試來進行確認（50頁）。若判斷尚未完熟，再混入堆肥量約5％的米糠，加入水份，重複進行再度發酵的程序。進行翻土後溫度安定即為熟成。約4個月就能夠完成完熟的堆肥。購入的堆肥尚未熟成時，也可以用這個方法使其完熟。

POINT 加入適量的水份

發酵過程中需要水份。雖然必須讓落葉充分濕潤，但若以手握住會滴下水份時，則表示水份過多。這樣可能導致裝入後溫度無法上升，造成腐敗現象。

雜草堆肥①

1 裝入

①將割下來的雜草剪成約 10 ～ 20 ㎝的長度可使發酵較為順利，大量堆積在田邊角落貯存。

②裝入方式及水份調整和落葉土堆肥相同。堆積成半球狀或裝入堆肥框裡，以舊的汽車套覆蓋。

2 翻動

經 1 ～ 2 天 60℃以上的高溫就可順利發酵。裝入 1 週後進行第一次的翻動。之後每兩週翻動一次。

約半年轉化為土壤的狀態。混入田地裡能促使土壤團粒化。

3 熟成

進行數次翻動，溫度約 40℃穩定後，就這樣使其熟成。

4 約半年完成

雜草堆肥約半年後即可完成，成為黑褐色土壤的狀態。若發酵不順利則進行再度發酵（73 頁）。和落葉堆肥、稻殼堆肥一樣，屬於養份較少的堆肥，施放在田裡，可讓土中的微生物增加，改善土壤的狀態。

大概的材料標準

割下的草	8
米糠等	1
稻殼	1
赤玉土（細粒）	1
落葉	1

●增加落葉和稻殼能提升品質，否則就增加割草的份量。總體積 1 ～ $3m^3$ 以上。

●使用秋天硬質草類時，最好多增加米糠等有機肥料的份量。

1 「翻動」讓發酵能均勻地進行，採上下翻動混合方式。發酵所發出的高溫會導致堆肥材料乾燥，必須適時地補給水份。

2 上下翻動後再次覆蓋。如照片所示，雖然露天情況下，覆蓋塑膠布也能製造堆肥，但製造堆肥還是設置在不受雨淋的地方，並且覆蓋通氣性佳的舊車套較為理想。

雜草堆肥②

簡單地裝入塑膠袋裡

1 裝入

堅固的塑膠袋內塞滿割下的雜草、米糠、油渣等有機物和作為發酵菌的田土，加入水份大致混合後密閉。

2 約 1 年完成

塑膠袋口緊閉，放置於田邊角落。約一年後就完成黑褐色土壤般的堆肥。暖季約半年即可完成。

大概的材料標準

雜草	空袋 8 分滿
米糠等	約 2 公升
田土	圓鍬一半
水	約 1 公升

- ●雜草拔下後直接塞入塑膠袋中使用。
- ●加入米糠、油渣、魚粉等易於取得的有機肥料。
- ●利用棲息於田土中的微生物。
- ●如果是自來水，請擱置一天讓漂白劑揮發。

約放置一年的雜草堆肥。
雜草轉變為如土壤般的狀態。

1 田間雜草拔起後，塞進塑膠袋中約八分滿。袋子請使用不易破損的堅固材質，使用堆肥或肥料的空袋更佳。將雜草連根一起裝入袋子裡吧！

2 加入約 2 公升（兩手捧起約 2 杯）的米糠。微生物突然增加可加速雜草的分解。約加入半個圓鍬的田土，再加入約 1 公升的水份後大致混合。使用的水份是已經揮發漂白劑的自來水或能促使微生物運作的雨水、河水等。此外，使用稀釋成 1 公升的 EM 活性液（參照 POINT）來代替清水，更能促進發酵及分解。

3 擠壓出袋內的空氣，將袋口緊閉，放置於田間角落待其熟成。

POINT EM活性劑的製造方法

EM・1、糖蜜（兩者皆可在 EM 研究所購得、143 頁）、汲取放置的清水以 1：1：8 的比例混合後，放進密閉容器中（量少可使用寶特瓶）約一週發酵而成的 EM 活性液。為了釋放發酵過程中所產生的瓦斯，瓶蓋必須鬆蓋。製造堆肥時，最好將此活性液以水稀釋為 50～100 倍後再行使用。

稻殼堆肥

有效改善黏土質田地

1 裝入

和落葉堆肥一樣，將材料加水混合後，裝進堆肥框中或堆成半球狀，以舊的汽車套覆蓋。因為稻殼的排水性佳，就算放置在沒有遮蔽的地方也沒關係。

2 翻動

裝入一週後進行第一次翻動，之後每兩週翻動一次。稻殼發酵所發出的高溫會導致乾燥，必須用心地進行水份管理。

3 熟成

放置在沒有遮雨棚的露天處時，溫度 40℃穩定後，最好取來舊的汽車套或舊的覆蓋物遮雨，待其熟成。

4 約 1 年完成

約一年使其熟成，以手指碰觸就崩壞或稻殼輕易崩解則表示已經完成。因為稻殼堆肥屬於間隙很多、比重很輕的堆肥，施放於田裡可以改善排水及通氣性。

大概的材料標準

稻殼	6
米糠等	4
赤玉土（細粒）	1
落葉	1

●稻殼屬於炭素率高（＝氮素少）、不易分解的材料。因此，比起落葉堆肥及雜草堆肥，需要加入更多的有機肥料促使發酵。請準備好米糠、油渣、雞糞等容易取得的有機肥料吧！

●整體必須準備 1 ～ $3m^3$ 以上。

翻動稻殼堆肥。因容易乾燥必須確實進行給水。

1 將稻殼堆肥裝入堆肥框裡。就這樣覆蓋舊的汽車套會使發酵更為順利。舊的汽車套具通氣性，因發酵熱而水份揮發之時也不會結露為其優點。若覆蓋塑膠墊布或原有的覆蓋物時，會因為結露而導致堆肥表面過濕的狀態，恐有腐敗的可能。稻殼堆肥雖然可以在沒有遮雨棚的場所堆放，但不想擔心因數度進行翻動，導致溫度不安定而結露，最好還是覆蓋藍色帆布使其熟成。

2 裝入約半年的稻殼堆肥。稻殼仍處於原型，顯示熟成不足的狀態。

POINT 稻殼是土壤改良效果極佳的堆肥材料

稻殼是屬於容易入手的堆肥材料之一。因為稻殼堅硬輕盈的特徵，當作堆肥會成為間隙很多的堆肥。提高通氣性及透水性等物理特性，能提供微生物棲息之處而促使土壤團粒化。對於改善黏質土壤，能發揮特別的效果。

生廚餘堆肥

1 一次發酵

在密閉容器裡裝入生廚餘（144頁），撒滿發酵促進材（143頁）。容器滿了後，使其發酵約一週。

2 二次發酵

設置於戶外的堆肥容器（145頁），裝入①一次發酵完成的生廚餘。每次裝入生廚餘時，順便依序裝入米糠或油渣、枯草或落葉、田土等，一直重複至容器滿了為止。

3 翻動

發酵過程中，透過翻動能促進分解均勻。首先將堆肥容器拔起後重新定位（※因為堆肥容器沒有底部，所以能拔起）。將裝入的生廚餘上下翻動後再重新裝入。

4 約半年完成

裝入堆肥容器後，夏季約需3個月，冬季則需半年，就可以完成鬆軟的堆肥。

大概的材料標準

生廚餘——適量

發酵促進劑、米糠及油渣、田土、枯草及落葉——各適量

●所謂生廚餘是使用蔬菜渣或果皮、茶葉渣等新鮮垃圾製成。充分除去水份後，切細能加速發酵。

●不可使用鹽分、油份過高的生廚餘。

●裝入肉、魚類時，必須多撒些發酵促進劑。

生廚餘累積後，裝進堆肥容器裡使其堆肥化。如此也可以減少廚房的垃圾。

1 生廚餘放入密閉容器裡，撒入發酵促進劑。500g 生廚餘添加 2 ～ 3 大匙的發酵促進劑。桶子滿後，使其發酵 1 週。

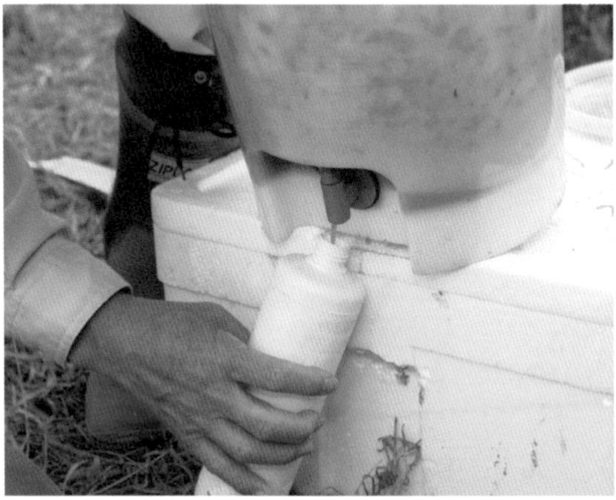

2 發酵過程中，密閉容器內會沉澱褐色的液體。此液體以水稀釋 50 ～ 100 倍後，可作為液肥給予蔬菜營養。就像澆水一樣噴灑在蔬菜根部 (66 頁)。

3 堆肥容器裡裝入完成一次發酵後的生廚餘，表面再薄撒一層米糠或油渣 (雞糞等也可以)。

4 適量地放入乾燥枯草。因為生廚餘含有很多水份，必須放進乾燥資材以調整水份。

5 表面覆蓋一層乾燥土壤，可避免惡臭及蟲害發生。堆肥容器滿了後，直接讓其熟成，中途進行一次翻動。充滿養分的堆肥，夏季需三個月，冬季則需半年即可完成。

POINT

製作生廚餘堆肥的訣竅

製造不失敗、高品質的堆肥吧！

生廚餘切細、絞碎、除去水份後，放置於通風良好處晾乾一天再行裝入。落葉及雜草也等其乾燥後再使用。

為了促使發酵，生廚餘必須減少水份後再裝入桶裡

首先在田裡設置堆肥容器。設置地點要選擇日照良好、可直接放置於地面、排水良好的地方。雖然堆肥容器容量較小，而且因為是塑膠材質能簡單定位，但其缺點為容易發熱、不易發酵。因為水份過多容易腐敗，不易發酵，所以生廚餘必須充分除去水份，或晾乾一日後再裝桶。生廚餘使其一次發酵時也要確實除去水氣。落葉及雜草也要充分乾燥後再放入，吸收生廚餘水份的效果非常好。最後覆蓋田土避免產生惡臭或蟲害，土壤也必須使用乾燥土壤。

就算容器已經滿了，但整體要達到堆肥化的程度仍需要時間，所以生廚餘量多的家庭，最好多準備幾個堆肥容器備用。

堆肥完熟前就混入田地裡，會對蔬菜造成不良影響，一定要確實完熟後再使用。

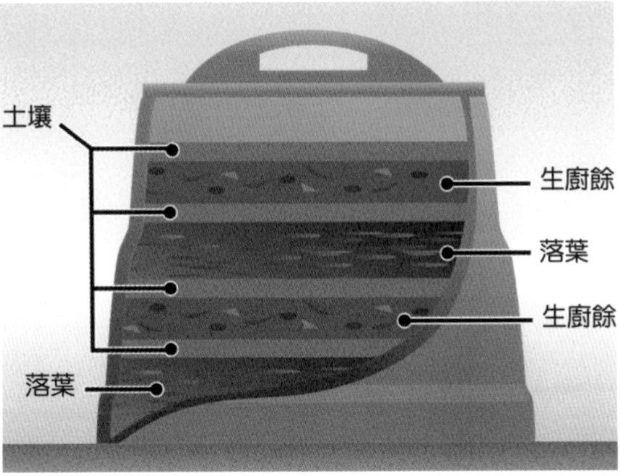

1 挖出約 30 cm 的洞穴，設置堆肥容器。放入乾燥的雜草及落葉後再投入生廚餘。每次放入落葉或雜草、生廚餘時，都要覆蓋一層土壤。土壤中所棲息的微生物或落葉及雜草中所附著的微生物能分解生廚餘等使其堆肥化。此外，放入米糠及油渣等含氮素肥料，可促使發酵。

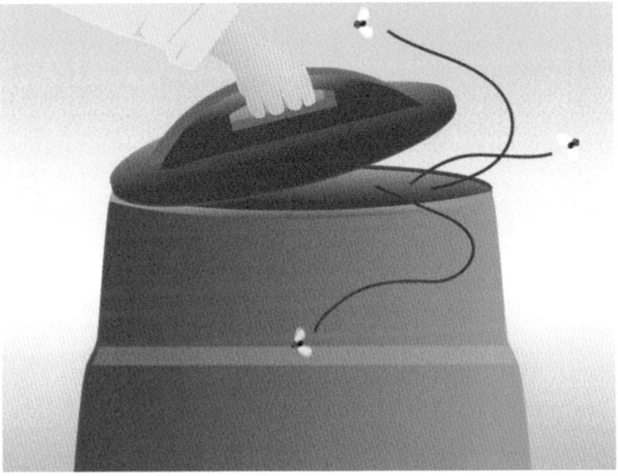

2 就算覆蓋土壤，夏季也會產生蒼蠅或蛆。此時，只要蓋上桶蓋擱置，不久蟲子就會消失，到秋天就能形成很乾淨的堆肥。千萬不要噴灑殺蟲劑喔！另外，臭味及阿摩尼亞的味道代表正在發酵、無法使用。完熟之後的堆肥基本上沒有臭味，甚至會散發出香氣。

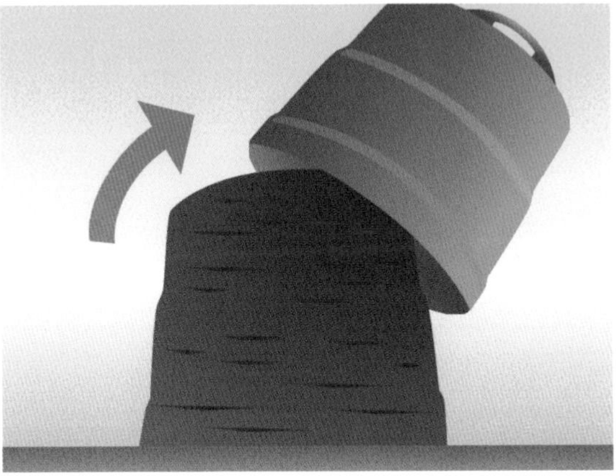

3 容器滿了之後，將容器拔起後移至其他場所。雖然還是要將內容物裝回容器裡，但必須先裝入尚未發酵的上層部分，使其上部和下部翻轉顛倒。完成後的堆肥以塑膠墊覆蓋或裝入袋子裡，保存至田裡使用為止。因為堆肥桶很快就滿了，所以建議使用 200 公升以上的大型容器，若能多準備幾個會更為方便。

田中寿恭先生所教導

落葉製成的腐葉土堆肥①

如果需要大量堆肥時，建議自己動手製作使其慢慢完熟後再混入田裡

裝入後，只要擱置藉助微生物的力量即可

奈良縣橿原市的田中寿恭先生，是擁有32年家庭菜園經驗的老行家。耕種山上一階階的田地，陶醉於以有機・無毒的方式種植蔬菜的樂趣中。

田中先生的田地基底是手作的落葉堆肥。

「田裡混入的堆肥，雖然使用市售的牛糞堆肥、樹皮堆肥或腐葉堆肥等也很好，但其實只要收集材料就能簡單地由自己做出堆肥。我每年都以自治會義工的身分參

田中先生說：「秋天累積1m高的落葉，透過微生物的力量進行分解，半年後高度已經降低許多。」

加清掃活動，不難取得大量的落葉，在田間角落製作堆肥。裝入後約一年，只要靠微生物的力量，就能完成具香氣、不管是外觀或觸感上都像土壤一樣的堆肥。」田中先生如此說道。

我們向田中先生詢問落葉堆肥的作法。

「首先必須準備大量的落葉，諸如橡樹或櫟樹的落葉。製作堆肥的地點就在田間角落，在田間一隅堆積落葉。當累積到30～40㎝時，全面地灑上一層薄薄的米糠、雞糞、田土，如此重複堆疊累積後，給予充足的水份，再以腳踩踏使其緊實。落葉充分飽含水份後以塑膠布覆蓋，這樣就暫時完成了初步作業」

覆蓋田土是為了利用土壤中的發酵菌，以米糠或雞糞作為誘餌，促使發酵菌增生，加速落葉的分解。

田中先生除了利用田土之外，也會在竹叢裡撿拾土壤發酵菌塊（88頁）或吃剩的優格當作發酵菌來製造堆肥。

「裝入後數日，會因為發酵熱使堆肥溫度上升。若溫度超過60℃會因為過熱而導致菌類或微生物死亡，所以必須掀開覆蓋布，將落葉全部翻動混合。如此重複幾次，不久後溫度就能趨於穩定，再覆蓋塑膠布等待一年，落葉堆肥即可完成」。

面積廣大的田地裡需要混入堆肥時，收集大量落葉做成堆肥比較划算。除了落葉之外，也能以雜草或蔬菜殘渣作為材料。

製造腐葉土堆肥

1 秋天收集橡樹或櫟樹落葉後堆積。此時必須準備米糠、雞糞、田土，以及在竹叢地面撿拾的白色土壤發酵菌塊（88 頁）。

2 落葉累積到 30 ～ 40 ㎝時，表層整體撒上一層米糠、雞糞、田土，重複堆疊如三明治。

3 給予清水使落葉飽含水份。站在落葉堆上以腳踩踏，才能使落葉飽含水份。

田中寿恭先生教

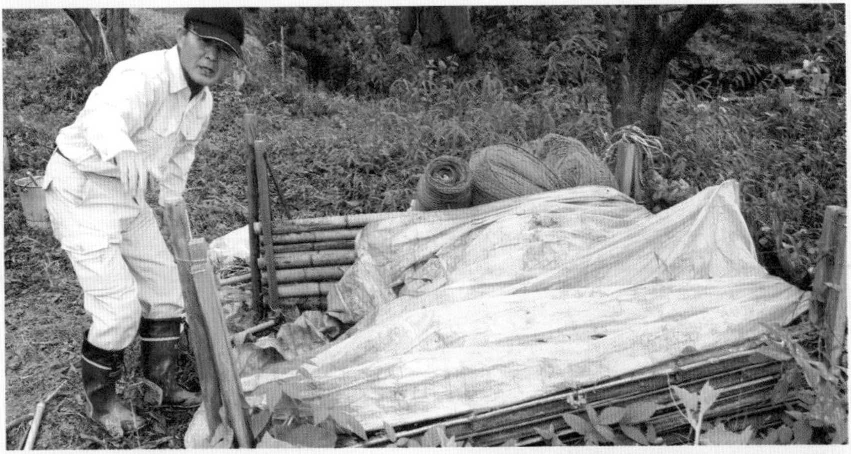

4 落葉充分飽含水份後以塑膠布覆蓋。幾天後溫度升高，再以鐽子、圓鍬等將落葉上下翻動。溫度安定後就此放置。

完成的堆肥以塑膠袋保存

完成後的堆肥和用剩的堆肥放進空塑膠袋中保存非常方便。必要時再取出使用。

5 一年後的狀態。不管在外觀上或觸感上都像土壤且具有香氣。如此就成了微生物完全分解的良質堆肥。這種狀態的土壤就可以混入田地裡。

製作
堆肥的
創意

高梨女士說：「撥開堆積的落葉，就會在土壤和落葉之間發現白色的菌塊。」她正在田界交接處的雜木林中尋找土壤發酵菌塊。

利用竹林、雜木林中找到的發酵菌塊製作堆肥

製作堆肥不可欠缺的發酵菌，雖然也存在於落葉、雞糞、田土等材料中，但如果將雜木林或竹林地面上的土壤發酵菌塊捏碎後撒在落葉堆上，亦可有效促進發酵。

田中寿恭先生和高梨惠美子女士（94頁）製作堆肥時都使用此種土壤發酵菌。

土壤發酵菌很容易在雜木林落葉堆積處找到。以手輕輕地將落葉撥開，土壤和落葉之間就會發現白色的霉塊，這就是土壤發酵菌，當然可以帶回家利用。

竹林也一樣，以手撥開堆積的竹葉後就能找到白色的菌塊。竹林的土壤發酵菌被稱為「竹林蒸餅」，有時候也會發現像白色蒸餅一樣的大型菌塊。

除此之外，吃剩的納豆或優格以水稀釋後淋在落葉上，也能作為發酵菌使用。

1 雜木林的落葉下尋找到的發酵菌塊，能用來製作堆肥。

2 高梨女士的田地後方就是竹林。

3 竹葉下方發現的大塊白色菌塊。這就是所謂的「竹林蒸餅」。使用於堆肥能有效促進發酵。聽說也曾發現更大型的菌塊。

井原英子女士教導

利用蔬菜殘渣、稻桿、雜草製造堆肥

除了落葉之外，也能使用各種材料製作堆肥。井原女士使用市售的發酵菌。

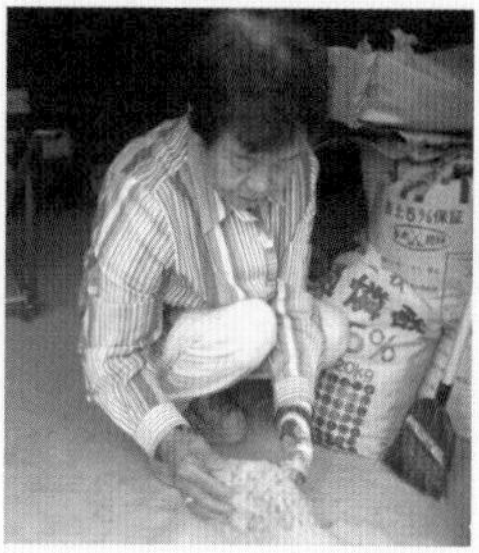

正在混合米糠和乳酸酵母菌的井原女士。井原女士的田地長年使用乳酸酵母菌。

兵庫縣揖保郡的井原英子女士，以有機・無毒的方式種植蔬菜及稻米，可說是家庭菜園的達人。因為井原女士種植稻米，能產生大量的稻桿，所以利用稻桿製作堆肥。促使稻桿發酵的是市面上販售的有機物發酵資材「乳酸酵母菌」（第１４２頁）以及自家製的馬鈴薯發酵液（第１２６頁）。我們也向井原女士詢問稻桿堆肥的作法。

「10月底將切細的稻桿和促使發酵的生廚餘、乳酸酵母菌混合米糠後，淋上稀釋５００倍的馬鈴薯發酵液和清水。如此堆積5~6層後，再以腳踩踏。」

累積的堆肥經過3週左右，上層會慢慢地往旁邊的空間移動。此時也要淋上稀釋的馬鈴薯發酵液和清水。

井原英子女士的堆肥製作

1 田邊角落堆積切細的稻桿。井原女士將稻桿混入田裡，用來製作堆肥。除了稻桿之外，也能使用雜草、堆肥容器發酵的生廚餘，蔬菜殘渣。

2 為了促進發酵，使用有機物發酵資材乳酸酵母菌。將一堆米糠和一把乳酸酵母菌充份混合，再將這些和稻桿或雜草混合堆積起來，澆淋清水和馬鈴薯發酵液稀釋而成的液體，最後覆蓋塑膠布。

3 3週後會因發酵熱而溫度上升，此時掀開塑膠布，將堆肥翻動至旁邊的空間。雖然上層部分尚未產生變化，但中・下層部分已經進行發酵。

透過微生物的力量
強力分解有機物

所謂的乳酸酵母菌，含有乳酸菌等各種有益的微生物，屬於土壤改良的資材。和稻桿、雜草、米糠等有機物一起混入田地裡，乳酸酵母菌中含有的微生物會積極產生活動，強力分解有機物，提高土壤的保肥力、保水性及排水性，全面提升地力。

井原英子女士的堆肥製作

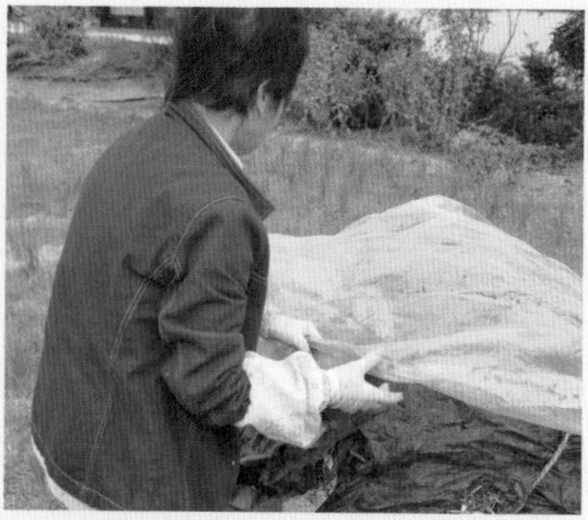

4 以花灑淋上稀釋約500倍的馬鈴薯發酵液和清水，同時進行翻動，最後覆蓋塑膠布。溫度再次上升後，再次進行翻動，此時若覺得乾燥，可添加清水。

5 之後什麼都不必做，只要覆蓋塑膠布放置即可。含有乳酸等益菌的乳酸酵母菌會持續活動進行分解。此時會發出如優格般的香氣，半年即可完成堆肥。

重新翻動位置促使發酵

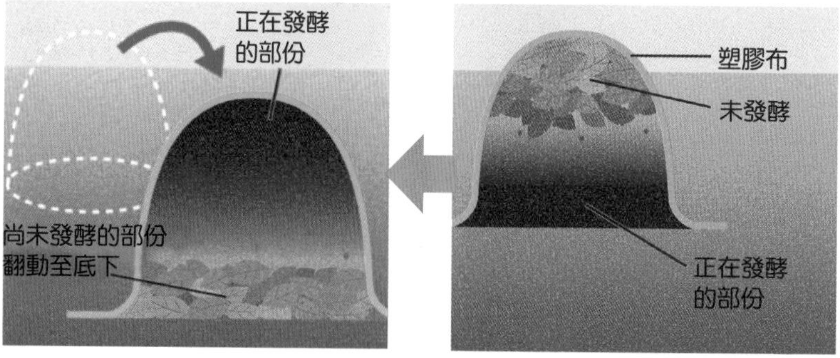

因此，若將已經發酵的部份移動至旁邊的空間，將未發酵的部份翻轉至底層，可以促使未發酵的堆肥材料發酵，如此即可均衡地完成發酵。

堆積材料的下層部分發酵較為順利是因為溫度高且水份足夠的關係。上層部分較為乾燥，所以發酵也較緩慢。

種菜的建議

使用乳酸酵母菌種出具光澤感的美味蔬菜

井原女士田裡所採收的蔬菜，不但都具有光澤，美味也更勝一籌！之外，病蟲害也不明顯，可說是非常乾淨的田地。如此具有元氣的蔬菜田所具備的基礎是前面製作堆肥時也出現過的「乳酸酵母菌」。井原女士的田裡，常年都使用乳酸酵母菌。

「乳酸酵母菌裡因為含有各種類型的微生物，能在短時間內分解稻桿或米糠等有機物。雖然製作堆肥時也會添加，但種植前也會將稻桿、米糠、乳酸酵母菌混入田地裡。使用乳酸酵母菌能增加有益的菌類，不會產生危害，還能成為讓蔬菜充滿美味、健康生長的土壤環境喔！

井原女士田裡所栽種的茄子。令人驚訝的是葉片充滿活力、果實碩大、具光澤感且結實。

高梨惠美子女士教導

落葉製成的腐葉土堆肥②

做好木框後，將落葉累積起來製作腐葉土堆肥。也有不用翻動的製作方法。

以木框圍住後堆積落葉覆蓋塑膠布半年至1年

特別向高梨惠美子女士詢問落葉製作腐葉土堆肥的訣竅。

「大量收集了雜木林的落葉，若有枯草或蔬菜的殘渣也可以使用。將這些材料堆積在水泥三合板（厚三合板）圍起來的木框中。約累積40㎝後加入充足的清水，使落葉飽含水份，半張榻榻米的寬度撒下一把的米糠。然後再累積落葉、再撒水、撒入米糠。不只是米糠，有時也可以撒下油渣或雞糞。完成後覆蓋塑膠布」

裝入後經過兩天，中心處的溫度會因為發酵熱而超過60℃，藉著這樣的高溫，能殺死病原菌或害蟲卵、雜草種籽等。測量溫度若超過60℃則必須整體

高梨女士是神奈川縣伊勢原市的職業農家，致力於有機與無毒的農業栽培。除了種菜之外，也種植紅米、紫米等古代米。

翻動以降低溫度。

「因為高溫，水份也會逐漸蒸發，進行翻動時必須補充水份，同時注入新鮮的空氣。因為上層乾燥、低溫，發酵速度比底層來得慢，所以必須進行翻動，使上層落葉轉至底層，這一點非常重要。進行數次的翻動，溫度穩定後就此擱置半年至1年，即可完成堆肥」。

目前不用翻動也能製作堆肥

「最主要是因為翻動時吸入不好的細菌，對肺部造成傷害。所以，之後就不再進行翻動而直接堆積做成腐葉土堆肥。因發酵熱而產生高溫時，就連續澆水來降低溫度」

木框設置在日照良好且淋得到雨的地方，不要覆蓋塑膠布，可以直接淋雨，藉由雨水來調節水份，若感覺乾燥則再淋上水份。

「每次堆積落葉時，在正中央處以手挖出洞穴，塞入稻殼，做出稻殼煙囪般的樣子（97頁）。因為稻殼會成為水流經的通道。托此之福，水份就很容易直接傳送至中心位置」。

堆積約2年後，藉助蚯蚓及獨角仙的力量，就能完成堆肥。

做成的腐葉土堆肥

1

打好椿後，將三合板圍繞四方，做成木框，框內堆積落葉。設置的地點不要成為妨礙，最好在日照良好之處。若純粹只要堆積，必須選擇日照良好及可淋雨之處。

釘木樁的訣竅

如右所述的方式固定三合板的優點是只要將繩索鬆開就可以簡單地拆開三合板。想要取出位於下層的完熟堆肥時，可以使用這種方法。

簡單固定三合板的方法。一個地方釘入兩根椿（方木棍或竹子皆可），木椿與木椿之間插入三合板的一端。兩根木椿以繩索綁成 **8** 字形以固定三合板。

高梨惠美子女士教

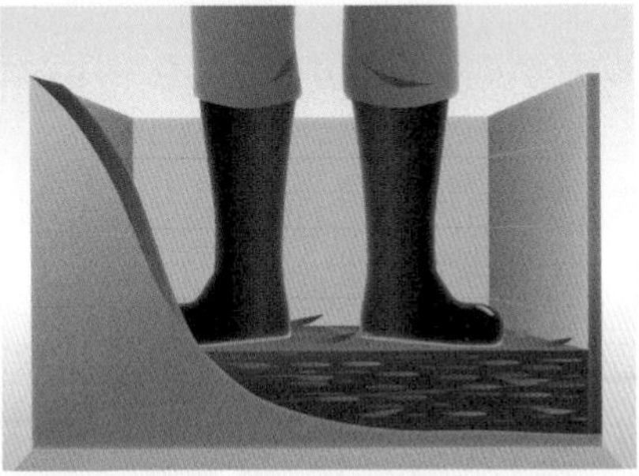

2

落葉累積 40 cm之後，淋上水份，以腳踩踏使其緊實，讓落葉飽含水份。踩踏之後體積約只剩下一半，如果可以取得麥桿，可在最下方鋪放麥桿（沒有亦可）。

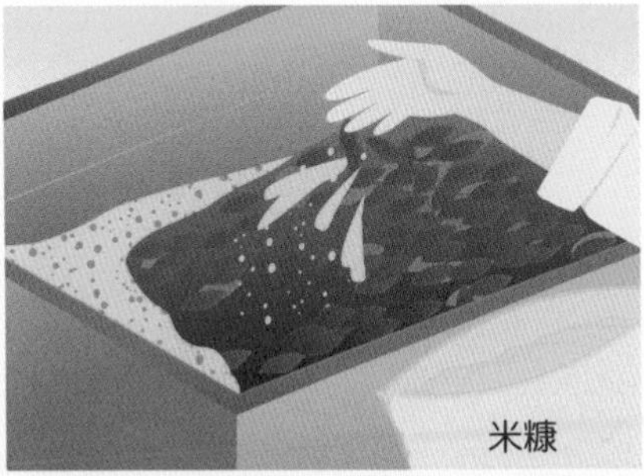

3

撒下米糠。半張榻榻米的寬度約一小撮份量即可。重複②和③的作業，做成落葉和米糠三明治。也可以每一層都以肥料和米糠、油渣、魚粉等做不同的改變。

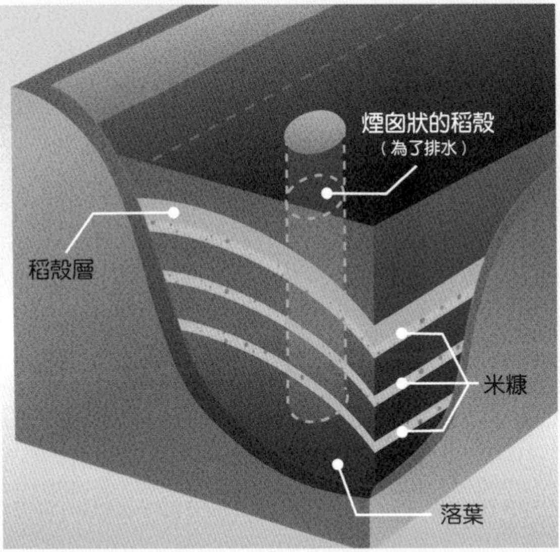

4

高梨女士的作法不需翻土，也不需覆蓋塑膠布。若產生發酵熱則澆水降溫，之後的水份調整則交給雨水。若感覺乾燥就澆淋水份，為了大雨時不積水，堆積過程中做出斜斜的稻殼層，讓多餘的水份往旁邊流下。位於中央位置以稻殼作出的煙囪筒狀水道，是為了將多餘的水份由地下排掉，同時還能提供堆肥內部的水份。

製作堆肥的建議

位於神奈縣川崎市菜園組織「風畑」的柿倉鉄児先生。只要想起任何方便的器具，都能親手付諸實踐的專業達人。

透過井字框的堆砌，做出可自由調整高度的木框！

先介紹柿倉鉄児先生製作的獨特堆肥框。

做出許多井字框（以木頭組合成井字狀），一層層往上堆砌就能成為堆肥框的創意發想。

「剛開始製作的堆肥框，只是以水泥三合板將四邊圍繞起來這麼簡易。但這種堆肥框，要堆入堆肥材料、翻動或取出堆肥都非常麻煩，所以在思考之後，才做出這樣的形狀」

不但可以配合堆入的材料份量增高井字框，連要取出堆肥時也只要將井字框取下就可以，作業上非常輕鬆。

「井字框的最上方架上木材組合而成的金字塔狀，為了不讓雨淋，以普通的塑膠布覆蓋即可」

仔細觀察井字框，連達人都驚嘆不已。內側的四個角落都釘上短木頭，井字框採嵌入式可避免脫落。

話說，在柿倉先生的菜園組織「風畑」裡，大量生產以野草及蔬菜殘渣為主要材料，再添加少量米糠、馬糞等材料製作而成的堆肥，可在春季和秋季時混入田地土壤裡。

1 兩個堆肥框量產堆肥中。左邊為井字式堆肥框。

2 井字框內側為了避免脫落而下了番苦心。

3 金字塔狀的頂端。

4 只要將井字框取下，就可以輕鬆取出堆肥。

緒方君子女士教導

生廚餘堆肥的作法

去掉水氣之後的廚餘混合發酵菌後密閉。不但沒有臭味，也不會產生蟲害，是輕鬆製作堆肥的方法。

混入堆肥的土壤，觸感鬆軟，具通氣性、排水性佳，能成為有機・無農藥的田裡有生命的土壤。蔬菜根部能充分擴展，健康地生長，最後當然能豐收美味的蔬菜。

緒方君子女士在陽台示範生廚餘製作堆肥的簡易作法。製作過程中也能採取生廚餘液肥。

因為不用擔心臭味，也不會產生蟲蠅，所以可以在陽台製作。既能製作堆肥，也能減少廚房的生廚餘，真是一舉兩得。

「為了讓生廚餘順利地成為堆肥，分成兩階段進行發酵。首先讓生廚餘在密閉容器中發酵，這是不需要空氣的密閉性發酵。接著在容器中和土壤混合使其發酵，這就是需要空氣的開放性發酵。如此分成兩階段進行發酵，能讓生廚餘盡速完全分解，不但不會發出惡臭，也不會產生蟲害。發酵的生廚餘會發出如米糠醬菜般的香氣」。

第一次發酵必須準備的是密閉式桶子和有機發酵肥料。桶子使用具有活

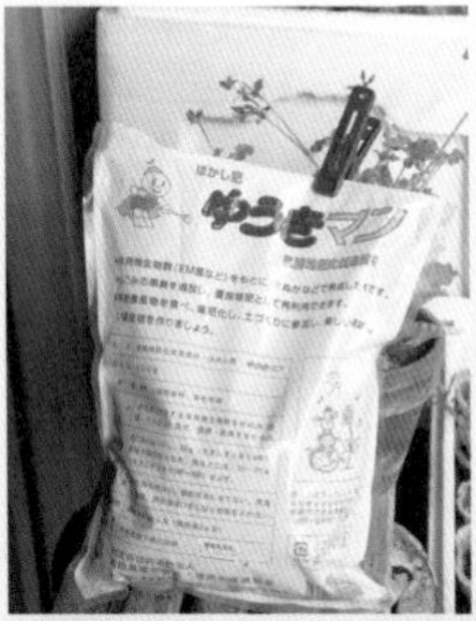

必備之物

＜一次發酵＞ ※ 上方照片
- ●能密閉的桶子
- ●有機發酵肥料
- ●生廚餘

＜二次發酵＞ ※ 下方照片
- ●容器
- ●紅玉土
- ●乾燥腐葉土
- ●容器內的舊土
- ●報紙
- ●塑膠袋
- ●繩子

栓的生廚餘處理器較為方便（144頁）。緒方女士所使用的有機發酵肥料是用微生物混合米糠、糖蜜等使其熟成，並使用市售的發酵促進劑「YUKIMAN」。

第二階段二次發酵所需要的是容器、紅玉土、乾燥腐葉土、原有的舊土、報紙、塑膠袋、繩子。「一次發酵就成功的祕訣是盡量使用新鮮的生廚餘，以及確實除去生廚餘的水氣。另外，因為在發酵過程中能取得液肥，以水稀釋後能用來栽培蔬菜及花草。但是，二次發酵要注意的是控制水份。生廚餘和容器中的土壤混合後，利用報紙吸收多餘的水份」。

夏季約需一個月，冬季約需兩個月，生廚餘堆肥就能完成了。

廚餘堆肥作法

1 盡量趁新鮮時做成生廚餘。野菜渣、果皮約切成 2 ～ 3 ㎝細狀。蔥因為會殘留纖維，所以要切特別細。

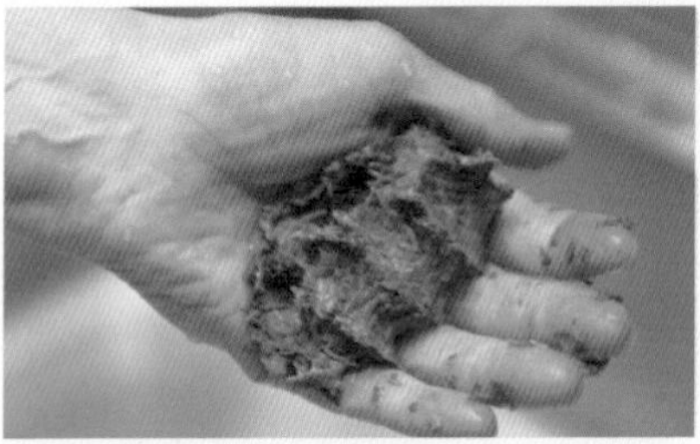

2 茶葉渣請以手捏去除水氣後使用，咖啡渣也必須除去水份。茶包則將茶葉和袋子分開，僅使用茶葉部分。

3 蛋殼儘可能捏碎。貝類殼和雞禽要分解需經過很長的時間，建議將其粉碎後再使用。避免使用不易分解的豬骨或牛骨。

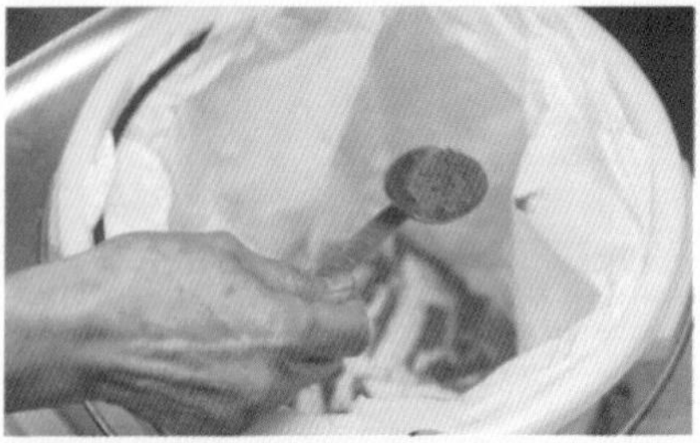

4 準備能密閉的桶子。塑膠袋開出數個小孔以利排水，然後套在桶子內。撒下一大匙的有機發酵肥料。

5 桶子裡放入以濾網瀝確實去除水氣的生廚餘，分量約 500g 左右。

6 將有機發酵肥料 2 ～ 3 大匙撒在生廚餘上。若有魚或肉等蛋白質生廚餘時，要多放些有機發酵肥料。

緒方君子女士

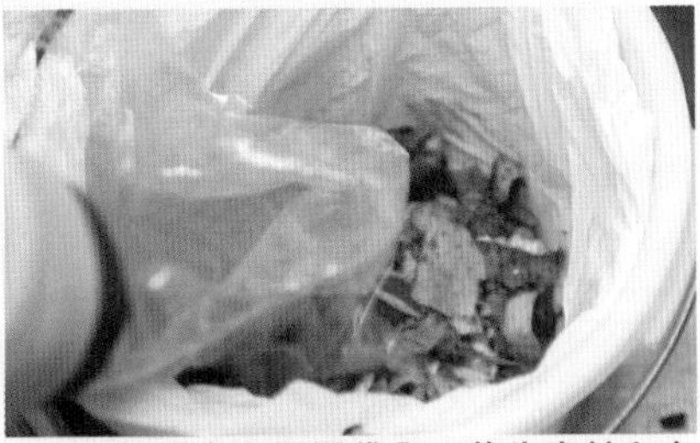

7 把手套在塑膠袋內，將生廚餘和有機發酵肥料充份混合。

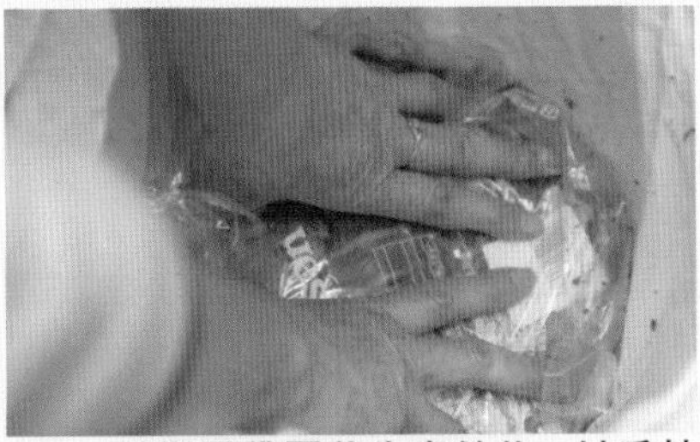

8 以塑膠袋覆蓋生廚餘後，以手按壓，盡量將空氣逼出。

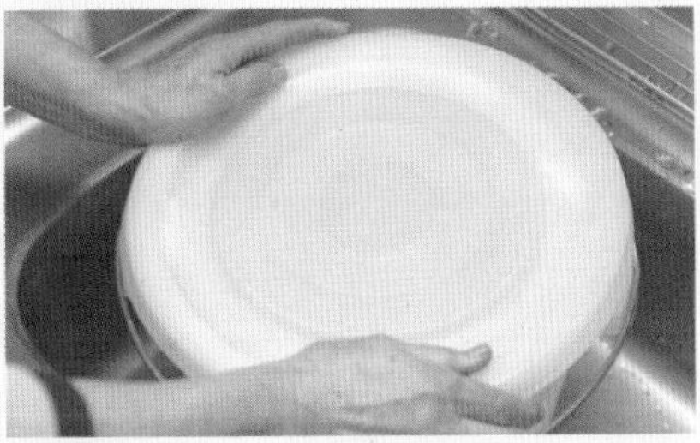

9 蓋上蓋子。隔天以後，每次生廚餘累積到第七天時，就重複進行相同的作業。然後蓋上蓋子擱置，就算完成了一次發酵。

10 容器裡混合了紅玉土和腐葉土，再加入⑨所發酵的生廚餘。生廚餘的份量不要太多，約整體的兩倍量較為適合。

11 整體以鏟子大致混合，做成生廚餘覆蓋住土壤的感覺。

12 覆蓋舊土壤約 5 ㎝厚。因土壤之故，還可避免蟲害及臭味。容器下方墊上竹簾或紅磚讓通風較為順暢。

緒方君子女士教導在陽台製作生廚餘堆肥

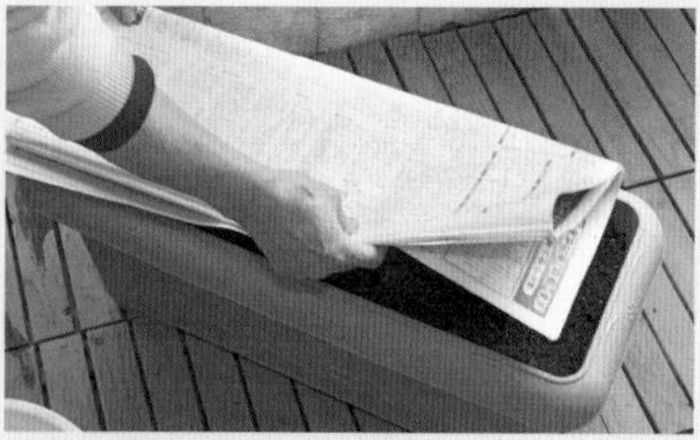

13 覆蓋摺成四褶的報紙後，再覆蓋塑膠布，以繩索綁住。報紙若潮濕就進行更換，因此必須經常確認潮濕的狀態。

14 為了避免蟲害、雨淋，以塑膠布覆蓋約 3 ～ 4 週。持續分解至散發土壤氣味即表示完成。夏季約需 1 個月，冬季約需 2 個月。

收集生廚餘液肥利用

1 一次發酵的過程中，密閉的桶子底部會沉積液體。將此液體以水稀釋 100 ～ 500 倍後，可作為液肥使用。

2 稀釋後的液肥，最好像澆水一樣澆灑蔬菜或香草、花草等。除了能栽培出健康的蔬菜之外，還能避免蟲害。

3 因生廚餘和液肥而健康生長的水菜。從陽台到餐桌都能保證新鮮及美味的蔬菜。

Part 5

蔬菜喜愛的手作肥料

手作有機發酵肥料

1 混合材料

以米糠或油渣為主，再添加魚粉、草木灰、骨粉等容易取得的有機肥料後適量混合備用。將材料放進大盆子裡充分混合。

2 確認水份量

EM菌（143頁）和蜜糖加水後，再添加①的材料混合，水份濕潤整體即可。水的份量約材料30%的重量。

3 密閉塑膠袋

將材料放入堅固的塑膠袋內。以手將塑膠袋內的空氣擠壓釋出後密封袋口。此為不需空氣的發酵方法。

4 2週內完成

就這樣放在不受雨淋的地方，夏季約兩週，寒冷時期約2～3個月即可完成。生出白色霉菌就表示完成了，可當作基肥、堆肥使用。

大概的材料標準

米糠	5kg
油渣	1kg
魚粉	1.5kg
草木灰	1kg
水	約2.5公升
EM菌（EM・1）	40mℓ
蜜	40mℓ

●上述有機肥料份量為1例。最好以米糠或油渣為主，做出獨創的肥料。

●以黑糖取代糖蜜也可以。

手握起來為塊狀表示水的份量剛好。若水份滴漏下來則表示水份過多，恐導致腐敗。

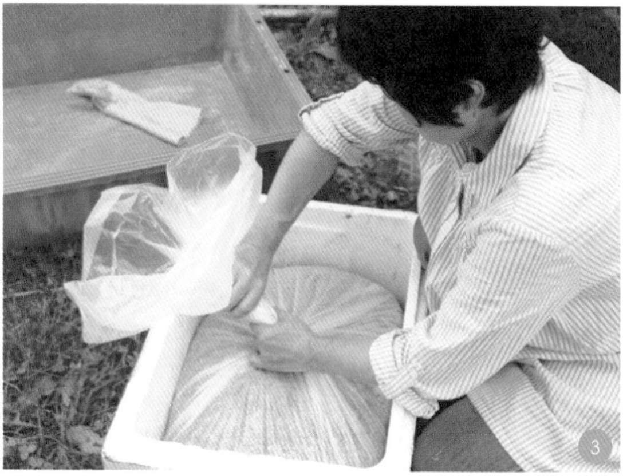

1 在加入水份之前必須先混合材料。放置一晚，漂白成份已經揮發且混入EM菌和糖蜜的水，一點一點加入和材料充份混合。以雙手搓揉材料，使水份均勻。

2 將材料裝入塑膠袋裡。若將塑膠袋放進保麗龍箱子裡可避免塑膠袋不慎破裂。裝入聚乙烯桶子裡也可以。

3 以手將袋內空氣擠出，儘可能不要殘留空氣後將袋口密閉。就這樣任其發酵，夏季約**2**週，寒冷時期約**2～3**個月，當發出微微的甜酸氣味時表示發酵成功。當然也會發出白色霉，白色霉混入也沒關係。

POINT 不需空氣發酵而成的有機發酵肥料

製作有機發酵肥料的方法分為不需空氣的密閉式發酵方法（高溫後需進行翻動）和此處所介紹的不需空氣的開放式發酵方法（不會產生高溫，不需進行翻動）。後者就算量很少也能裝袋，沒有翻動的必要。因為發酵管理很輕鬆，非常適合家庭菜園使用。

混入泥水的有機發酵肥料

充滿微生物的簡易有機發酵肥料

在此介紹以豐富微生物的泥水製作有機發酵肥料的方法。

雖然有機發酵肥料一般都是在有機肥料中混入市售的發酵菌製作而成，但這裡則使用田土混合而成的泥水來製造。

藉由混入田土，利用田土的土著菌作為發酵菌，促使油渣或米糠等有機物進行發酵。重點是必須使用能讓蔬菜健康生長的肥沃田土。因為使用適合該土地的微生物所製成，所以和田地的相容性極佳。土壤中的微生物增生，就能活化田裡的土壤。不需費用也是其優點。

大概的材料標準

油渣	約5kg
米糠	約1kg
田土	鏟子一半
水	適量

●因為要利用土壤中的微生物，所以必須採用能讓蔬菜健康生長的肥沃田土。除了田土之外，建議也可使用竹叢的土壤、河床的黑土、森林落葉下的黑土。

●使用自來水，必須先擱置一晚讓漂白成份揮發。

●效果立即顯現，可用於基肥及追肥。

1 盡量採用能培育健康蔬菜的田土。採用的土壤添加水份至泥狀後，充份混合。使用的水份若是自來水，請擱置一天後再使用，利用雨水或河水更佳。

2 塑膠布上堆成山狀的油渣和米糠中間作出洞穴。洞穴中一點一點注入泥水上層清澈的部份，再和材料充份混合。注入的份量大約是材料重量的 **3** 成左右。這次的份量大約是 **1.8** 公升。

3 雙手捧起材料後，搓揉使材料和泥水全面混合均勻，水份濕潤整體即可。

4 手掌用力握住後會呈飯糰狀，水份不會流出就表示 **OK**。以手指按壓會崩解的溼潤狀況。

5 桶子裡套入塑膠袋。將材料放進塑膠袋裡，以雙手將空氣擠出塞緊。

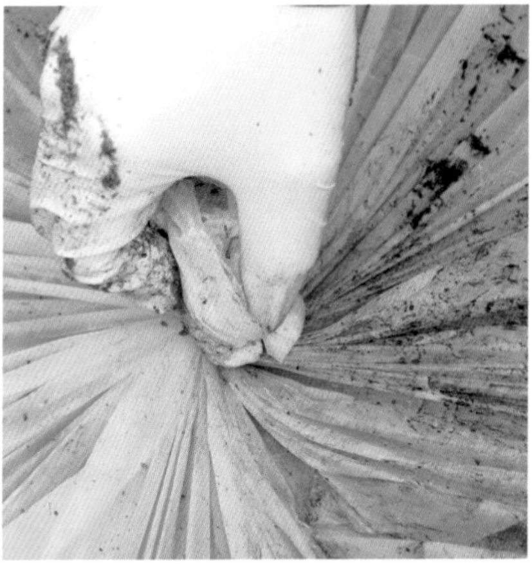

6 材料塞緊後將袋口緊緊密封。確實緊閉袋口，就能進行不需空氣的密閉式發酵。

7 因為戶外會淋雨，為了避雨及避開小動物，必須蓋上蓋子後存放在日照良好的地方。

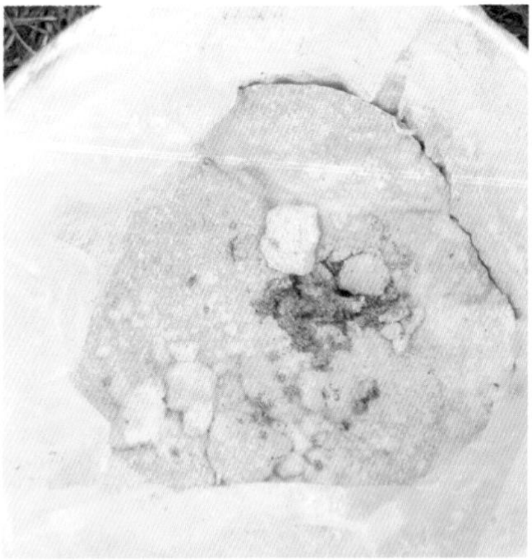

8 夏季約兩週，冬季則 2 ～ 3 個月即可完成。發出白霉即表示完成，白色霉混入也沒關係。因為使用了適合該環境的微生物，所以和田地的相容性極佳。

POINT

有機發酵肥料的保存法

大量製造保存吧！

1. 天氣好的日子裡，使用寬廣容器或在塑膠帆布上將有機發酵肥料攤開。在通風良好的陰涼處讓水份蒸發。
2. 經常攪拌混合，整體較快乾燥。為了避免蒼蠅產卵，請覆蓋防蟲網罩。
3. 夏季只要一天就能成為乾燥粉狀。充分乾燥後，移進桶子內蓋上蓋子，存放在不會淋雨的地方。

在通風良好的陰涼處，乾燥成粉粒狀

讓有機發酵肥料乾燥後，可以長期保存。就算大量製造也不會產生困擾。

多餘的份量可趁著天氣好的時候，攤開在塑膠帆布上，在陰涼處乾燥成粉粒狀。充分乾燥後，再裝進桶子內，存放在不會淋雨的地方。此時，如果沒蓋上蓋子，可能會被貓咪或鳥兒弄亂，所以一定要蓋上蓋子。需要用時僅取出想要的份量即可。

乾燥後，附著在有機發酵肥料上的菌類雖然會休眠，但施放進田裡得到水份後就會甦醒而開始活動。

福田俊先生所教導

製作艾草發酵液、生廚餘液肥、有機發酵肥料的作法

艾草嫩芽做成的發酵液是蔬菜的活力元素。甚至利用這種發酵液製作有機發酵肥料、生廚餘肥料。

東京都練馬區的租賃農園中，沉醉於種植有機・無毒蔬菜的福田俊先生，是擁有30年菜園經歷的老行家。他田裡的蔬菜總是充滿活力，向其請教其中秘訣。

「每年當艾草發出嫩芽時，利用艾草嫩芽和黑砂糖做成艾草發酵液。大量收集艾草嫩芽後，撒上黑砂糖，放置於瓶子等容器內密閉，一週後，瓶底會產生濃茶色的液體。這就是所謂的艾草發酵液。我在製作有機發酵肥料時，就是利用這種艾草發酵液作為發酵菌，能做出非常有效的肥料喔！」

首先，先介紹有機發酵肥料的元素—艾草發酵液的製作方法。

混入堆肥的土壤，觸感鬆軟，具通氣性、排水性佳，能成為有機・無毒藥的田裡有生命的土壤。蔬菜根部能充分擴展，健康地生長，最後當然能豐收美味的蔬菜。

STEP1 製作艾草發酵液

必備之物

- ●能密閉的容器
- ●艾草嫩芽
- ●黑砂糖

※ 艾草嫩芽和黑砂糖的份量，以重量來說大約艾草 **3** 黑砂糖 **1**。

※ 沒有艾草嫩芽的季節，可以摘取香草類、藍莓類、蘆薈等嫩芽使用。

1 製作的方法很簡單。艾草嫩芽撒上黑砂糖後，只要放置於密閉容器內即可。黑砂糖搗碎後再使用或使用黑砂糖粉末。艾草嫩芽不需清洗直接使用，因為艾草嫩芽上所附著的發酵菌很珍貴，所以這點很重要。容器有沒有活栓都可以，桶子也可以。

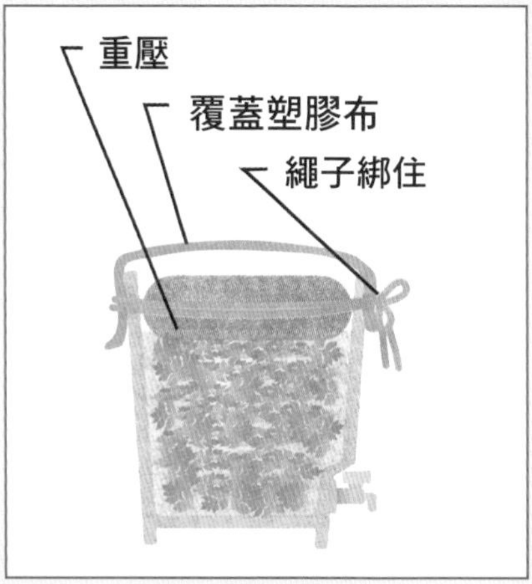

2 將艾草和黑砂糖裝入容器內，以重石重壓後覆蓋塑膠布。一定要確實密閉，避免蟲類等進入。約一週後，容器底部會沉積發酵液。將此發酵液另存至寶特瓶中常溫保存。此時，寶特瓶蓋子不要拴緊，必須讓裡面的瓦斯慢慢釋放。

蔬菜種植後或感覺蔬菜疲弱時，可將艾草發酵液充分噴灑於蔬菜莖、葉上。

艾草發酵液完成後，利用此發酵液製作有機發酵肥料。可說是效果超群的有機發酵肥料。

艾草發酵液以50倍的水份稀釋後，直接噴灑在蔬菜葉片上，能讓蔬菜立刻充滿活力，可說是一種強力強心劑。

福田先生除了將艾草發酵液作為蔬菜強心劑使用外，也利用該發酵菌的力量，製作效果超好的有機發酵肥料。

於是向福田先生請教了製作有機發酵肥料的方法。

「我製作有機發酵肥料的材料有米糠、蔗糖、骨粉、魚粉、油渣。這些材料中混合以水稀釋的艾草發酵液後，密閉起來不接觸空氣。夏季約需1週，冬季則需2～3週才能完成。當表面被白霉覆蓋並散發出香甜氣味後，就表示已經成功了」

要注意的重點是：裝入後必須確實密閉。

「因為如果沒有確實密閉，可能會有來自艾草發酵液以外的菌類繁殖，一定要特別注意！」

福田先生說這種有機發酵肥料必須在種植蔬菜前全面混入田地土壤裡。15㎡的田裡施放5～10kg的有機發酵肥料作為基肥。

STEP2　福田流・有機發酵肥料的製作方法

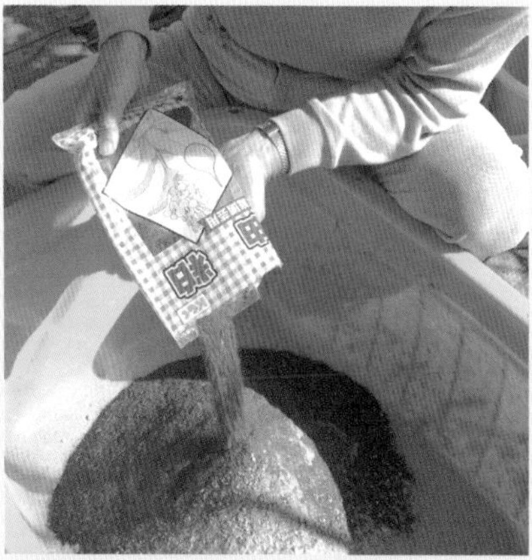

1　將水份和艾草發酵液的材料裝入盆子等大型容器裡。材料份量大概即可，例如、魚粉 2 袋 2 kg，剩餘的也沒有別的用途，就算全部放入也沒關係。

必備之物

- 12 公升的桶子
- 油渣…3.5 kg
- 魚粉…1.5 kg
- 骨粉…1 kg
- 蔗糖…750g
- 水……1.5ℓ
- 艾草發酵液…50 ～ 100mℓ

※ 雖然蔗糖的價位高，但含有豐富的礦物質。也可以用黑砂糖取代蔗糖。

2　將放入盆子裡的材料相互攪拌、充份混合。這次示範的份量是以 12 公升的桶子正好裝滿的份量來計算的，可作為參考用。

3　桶子裡注入艾草發酵液和水份充份混合後，倒入②的大盆子裡。不要一次全部倒入，先倒入 8 分滿左右。剩餘的依照溼度狀況增減，最好是一點一點地添加。

STEP2　福田流・有機發酵肥料的製作方法

4 材料充份混合，水份濕潤整體材料。雙手捧取材料後，進行搓揉使其充分混合。

5 這是水份適中的程度。強力握緊時大致能凝固，以手指碰觸有鬆解的感覺。

6 將材料塞進桶子裡。緊緊地以雙手按壓將空氣逼出後，蓋上蓋子密閉（不需空氣發酵）。沒有蓋子時，請覆蓋塑膠布後以繩子綁緊避免接觸空氣。

7 蓋著存放，夏季約需 1 週，冬季則約需 2 週即可完成。發出白霉就是完成的跡象，具有香甜的氣味，晾乾可以長期保存（111 頁）。

栽種過程中，利用液肥作為蔬菜追肥的福田先生。「因為液肥效果很快，非常適合作為追肥喔！」

最後介紹有機發酵肥料和生廚餘做成的生廚餘液肥。最適合作為蔬菜追肥的肥料。

從艾草發酵液開始，然後介紹有機發酵肥料，終於要介紹最後階段的生廚餘液肥。

利用前述親手製造的有機發酵肥料作成的液肥，在福田先生的田裡，幾乎每天都給蔬菜這種生廚餘液肥。

「將每天廚房裡的生廚餘和有機發酵肥料交錯地放入容器裡。容器使用附帶活栓的塑膠製桶子較為方便。約1週後，容器底部會積存液肥。將這些液體倒入寶特瓶內，存放在陽光無法照射之處。雖然放在常溫下沒有什麼關係，但保存時仍需特別注意。和艾草發酵液的保管方式一樣，寶特瓶蓋不要拴得過緊，才能讓瓦斯緩緩釋出。因為菌類活著就會持續發酵，瓶蓋拴得過緊會導致瓦斯膨脹，造成寶特瓶破裂，當瓶蓋打開時，可能會突然爆噴出發酵液」

放入容器內的生廚餘，必須確實去除水份，並且避免鹽分過高的東西。茶包的標籤和塑膠片也必須取下。

夏季約需1～2週，冬季則約需1個月即可完成發酵，採取液肥後即告一段落。

STEP3　福田流・生廚餘液肥的製作方法

1 將生廚餘放進生廚餘處理器（底部附有活栓的塑膠製桶子）。生廚餘確實除去水份後切細，剔除鹽分或油分過多的東西。此外，紙類和塑膠類的東西也須排除。

2 生廚餘上方撒下有機發酵肥料。不需撒入很多，只要隱約掩蓋生廚餘表面即可。最後蓋上蓋子密閉。

3 生廚餘持續發酵的情況下，並不會發出討人厭的臭味，反而會發出微微的醬菜香氣。大約 1 週左右，容器底部會積存琥珀色液體。夏季發酵大約需 1 ～ 2 週，冬季則 1 個月左右即可取用液肥。以寶特瓶存放較為方便。寶特瓶蓋不要拴得過緊，才能讓瓦斯緩緩釋出。

種菜的建議

① 裝了水的花灑裡注入液肥。

② 直接噴灑在菜葉上能使蔬菜充滿活力。

生廚餘液肥以水稀釋後，可取代清水澆灌蔬菜

生廚餘液肥以水稀釋50倍後，可用花灑或噴霧器，如同澆花一樣澆灌蔬菜。

「與其過濃，不如淡一點，分成多次進行澆灌較為理想。大多是2～3日進行一次，稀釋50倍的生廚餘液肥約施放2～4公升。當感覺蔬菜缺乏活力時，也可以施放10公升，給再多都不會傷害根部，非常好用」（附帶一提，福田先生的田地約15㎡）。

液肥作為追肥使用非常適合。但是，蔬菜施放濃度過高的液肥，肥料效果過度時，根部會產生麻痺現象，導致蔬菜疲弱，這點要特別注意。充分稀釋是主要重點。

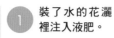

種菜的建議

艾草發酵液殘渣、生廚餘殘渣也埋回田畝裡再利用

福田先生的整地工作在3月中旬，租賃農園的啟用日開始。艾草發酵液為主做成的有機發酵肥料立刻就派上用場。

「15㎡的區域裡，首先混入草木灰（128頁）1kg、手作的有機發酵肥料5～10kg。這些會成為此後一年間蔬菜所需的營養基礎。而且必須將草木灰和有機發酵肥料混入約15㎝深的土壤中，如此基本的整地工作就算完成了」

草木灰除了具有中和酸性土壤的作用之外，還兼具補充鉀肥的效果。

甚至，可以在田畝中心處掘溝，

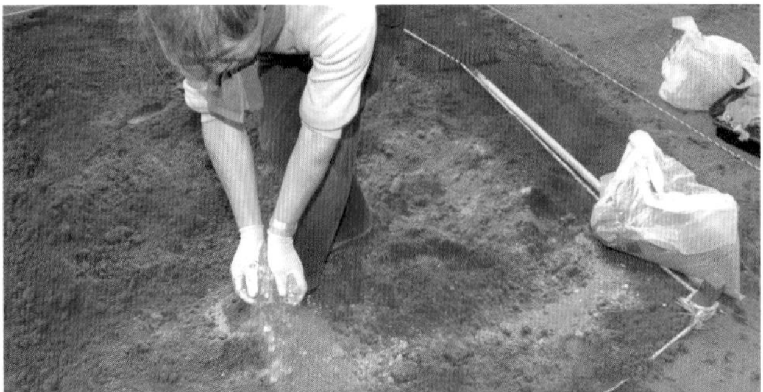

混入堆肥的土壤，觸感鬆軟，具通氣性、排水性佳，能成為有機無農藥的田裡有生命的土壤。蔬菜根部能充分擴展，健康地生長，最後當然能豐收美味的蔬菜。

掩埋製造生廚餘發酵液後所產生的廚餘殘渣，其上再覆蓋土壤作成田畝。

「因為生廚餘殘渣已經發酵完成，可以在土中立刻被分解。發酵完成的艾草殘渣也同樣掩埋起來。雖說是殘渣，卻能成為蔬菜良好的營養成分，所以不可浪費」

掩埋時必須大致混合。溫暖時期約需1個月才能分解回土壤裡。而且也能達到保溫、保濕的效果，覆蓋在田畝上能作為覆蓋物抑制雜草生長，如此準備工作就算完成。

1 生廚餘堆肥的殘渣也要埋入田裡再利用。

2 種植萵苣、青江菜等。在自家溫室培育的菜苗。

在桶子裡發酵一個月以上的油渣液肥。將上層液體充分稀釋後可用於追肥。

田中寿恭先生教導

以油渣製作簡單液肥

能用於所有蔬菜的液肥。只要在水裡加入油渣，製作方法非常簡單。

田中寿恭先生使用油渣製作液肥，當作蔬菜的追肥。這種液肥的製作方法除了非常簡單之外，還適用於所有蔬菜，所以非常推薦給初學者。

「水桶中加入清水10公升和油渣100g混合後，擱置一個月讓其發酵即可完成。使用時，先取出上層液體加水稀釋200倍後，利用花灑澆淋於蔬菜上即可。如果非常在意臭味，最好放在田邊角落讓其發酵。為了避免雨水，桶子必須蓋上蓋子或覆蓋塑膠布」。

除了油渣之外，使用發酵雞糞也能做出同樣的液肥，但因為臭味更難聞，所以並不建議。

1 正在採收大白菜的田中先生。田中先生充分利用手作堆肥、各種有機肥料、液肥等，孕育健康的蔬菜。

2 液肥可作為追肥使用。撒在土壤裡不會發出臭味。

安藤康夫先生教導

以寶特瓶製作液肥

裝入寶特瓶裡，只需要少量液肥時，就能立刻使用非常方便。

東京都板橋區的安藤康夫先生在陽台及屋頂上種植蔬菜。除了蕃茄、茄子、小黃瓜之外，也以盆箱栽種玉米、西瓜、南瓜等大型蔬菜。

安藤先生利用油渣液肥作為這些蔬菜的追肥。這種液肥的製作方法也非常獨特。以寶特瓶裝入即可。

「油渣裝入容量1．5公升的寶特瓶裡約1㎝高，再加入水份至7分滿。先將瓶蓋拴緊，搖晃混合之後，再將蓋子略微鬆開，以利發酵後的瓦斯能順利釋放，然後放置於陰涼處，使其發酵約1個月以上，取用上層較清澈的液體。使用時，在花灑的水裡加入約寶特瓶1瓶蓋量的上層液體，大約稀釋500～1000倍」

放置於陽台的液肥是放了三年的上層液體。

1 在安藤先生自家的屋頂菜園裡，所有蔬菜都生氣勃勃。以水稀釋後的液肥，就像澆水一樣噴灑在蔬菜上。

2 寶特瓶內只裝入液肥的上層部分（照片上為存放三年）。因為菌類是活的，為了避免其產生的瓦斯導致寶特瓶膨脹破裂，存放時必須將瓶蓋略微鬆開。

井原英子女士教導

馬鈴薯發酵液的作法

稀釋後使用能讓蔬菜生氣盎然。只要裝入清水和馬鈴薯即可的簡單液肥。

井原英子女士的田邊角落放置的混合堆肥中，靜靜持續發酵的就是馬鈴薯發酵液。材料只有水份和馬鈴薯就能做出簡單的液肥。

「讓澱粉質很多的馬鈴薯發酵後保存起來做成肥料。裝入後約1年半，將發酵液稀釋500倍後，以花灑澆淋在蔬菜和花朵上，能讓蔬菜生氣盎然喔！」井原女士說道。

90頁所敘述的稻桿堆肥也將利用以水稀釋500倍的馬鈴薯發酵液作成。

「因為馬鈴薯是可以吃的食物，感覺上略顯浪費，所以最好使用損傷或蟲蝕等不能吃的馬鈴薯」。

1 6月下旬裝入。照片中為年初2月底的狀態。持續發酵的情況下，打開蓋子會有一股奇怪的臭味。

2 約經過一年，5月上旬的狀態。仍持續發酵，發出難聞的臭味。

3 裝入後約經過一年半，10月底的狀態。以水稀釋500倍後，除了可以澆淋在蔬菜、花朵之外，還能用來製作堆肥。

下薗千登世女士教導

草木灰的作法

製作草木灰撒在蔬菜上，可遠離蟲害，對病害抵抗力強，一週使用1次。

下薗千登世女士鍾情於種植無農藥蔬菜，以自給菜園為目標。下薗女士田裡的蔬菜生長得非常好，非常健康，密訣就在於手作的草木灰。一週1次將草木灰全面地灑在蔬菜苗上，就可遠離蟲害，培育出對病害抵抗力強的蔬菜。

草木灰是將蔬菜殘渣或田間雜草、修剪下的樹枝等充份乾燥後燃燒而成。因為這種灰的臭味，蝶類或害蟲不會附生。此外還能預防霉病等發生。

另外，草木灰還具有中和酸性土壤的作用。因為是天然的東西，施放於蔬菜或土壤中不會產生傷害，施放過多也不會有害處。此外，下雨時會隨雨水流到根部，能直接從根部補充植物生長不可欠缺的鉀肥。

從130頁開始介紹下薗女士製作草木灰以及使用時的密訣。

住在長野縣小川村的下薗千登世女士，利用田間殘渣及雜草，自己動手製作草木灰，並將草木灰一週 1 次散佈在田裡，所以下薗女士的蔬菜長得非常好、非常健康。草木灰除了能夠補充鉀肥之外，還具有預防病蟲害的效果。

木灰的製作方法

1 庭院角落掘出坑洞，周圍以石塊圍繞，做出焚燒落葉的空間。其內堆積已經完全乾燥的雜草或蔬菜殘渣，進行燃燒，做出草木灰。殘渣裡就算仍有豆莢殼或其他殘渣，也都能成為良質草木灰。

2 不是熊熊大火的燃燒，而是冒白煙的煙燻狀態。為了避免火勢燃燒過旺或熄滅，必須一點一點地堆入雜草或殘渣，使其慢慢地燃燒下去。

3 不是用完全燃燒的白色灰燼，反而是黑色灰燼作為草木灰較有效果。燃燒完成後，使其自然熄滅或淋水澆熄。下薗女士則在周圍澆淋以水稀釋過的酢水來滅火。

下薗千登世女士

4 完成的草木灰，充分冷卻後裝進塑膠袋內，存放在不受雨淋的地方。下薗女士在裝入塑膠袋前會先利用洗衣網過篩（133 頁），之後隨時都能撒入田裡使用，非常方便。

●要先向社區管理委員確認是否能在野外燃燒！

注意

若禁止野外燃燒
就利用市售的草木灰吧！

有很多縣市政府或社區自治團體禁止在屋外燃燒物品，所以務必在事前先行確認。

此外，沒有適當地點可自行製造草木灰時，最好利用市售的草木灰（141 頁）。草木灰在大賣場或園藝店等都有販售。

具殺菌效果，守護蔬菜遠離病害 讓討厭灰臭味的害蟲不易靠近

下薗女士在培育蔬菜的過程中，一個星期會噴灑一次稀釋酢液，再從上方撒下純黑的草木灰。雖然只撒草木灰也有其效果，但因為葉片表面濕潤更能吸附草木灰，所以搭配稀釋後的酢液使用。

酢液具有預防害蟲的作用。下薗女士雖然使用食用酢，但也可以用稀釋後的木酢液或竹酢液、艾草發酵液（１１２頁）取代食用酢。但像油渣液肥一樣肥料成分很高的東西，反而會吸引害蟲靠近，盡量不要使用。

因為不喜歡草木灰的臭味，所以害蟲不會靠近，對霉病等病害也具有預防效果，很適合噴灑在蔬菜上。

「蚜蟲過多導致葉片萎縮的秋葵，以及染上霉病後疲軟的小黃瓜，若用心噴灑酢液和草木灰，隔天就能恢復元氣」下薗女士如此說道。

每年接近採收期尾聲時，總是疲軟不堪或發生霉病的節瓜，也能因此不生病而顯得活力盎然。聽說採收量也增加許多。

1 將完成的草木灰裝入細網洗衣袋中。將洗衣袋抖一抖，細灰就能均勻地落下。

3 撒草木灰之前，先以少量的酢加上水後噴灑在蔬菜葉上。葉片濕潤較容易附著細灰，特別是容易附生害蟲若容易感染病害的蔬菜，要仔細地噴灑葉片背面。若沒有充足的時間，也可以裝入花灑中全面噴灑。

2 趁著噴灑的酢液尚未乾燥之前，將裝入洗衣袋內的草木灰灑在葉片上，使整體變成黑色狀。建議在雨停或殘留清晨朝露、葉片仍濕潤時進行較佳。

種菜的建議

殘留在網袋內的殘渣，回歸植物根部

網袋內的草木灰全面撒在蔬菜葉上，最後網袋內會殘留無法通過網子的大塊殘渣。將這些殘渣撒在植物根部，如此，植物根部也能吸收鉀肥。

1 殘渣不要浪費，可撒在植物根部。

2 發芽的菜苗上撒上草木灰。除此之外，還能混入採收完的田土或剛種植的苗床裡。

Part 6

安心！製造土壤的材料目錄

坂田苗種

濃縮腐葉土

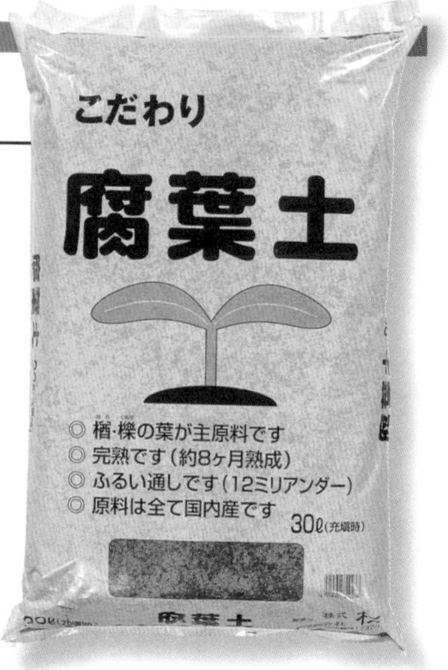

安心使用於土壤改良
及生廚餘堆肥化的日產腐葉土

日產的橡樹及櫟樹經過 8 個月翻動發酵而成的腐葉土。提高田地保水性、通氣性、保肥性的基本資材，可改良盆栽土壤或田地土壤。

●濃縮腐葉土（30 公升）
坂田苗種有限公司 通信販賣部
Tel. 045-945-8824
http://sakata-netshop.com/

Fdeq 農產開發

腐葉土

不摻雜質的純粹腐葉土，
適合推薦給家庭菜園

闊葉樹等落葉製造而成的腐葉土。沒有摻入樹皮堆肥等落葉以外的東西。非常適合有機 · 無農藥的種菜業者。

●腐葉土（100 公升）
Fdeq 農產開發
Tel. 0954-66-6008
http://www.fdeq.com/

坂田苗種

乾燥牛糞

完全發酵熟成的良質堆肥，讓土壤快速恢復元氣

優質的乾燥牛糞搭配稻殼燻炭。因為已經完全發酵，不必擔心根燒現象。能提高保水性、通氣性。10 ㎡的田地約混入 15 ～ 30 kg。

●乾燥牛糞（40 公升×3 袋）
坂田苗種有限公司 通信販賣部
Tel.045-945-8824
http://sakata-netshop.com/

關西產業

生物炭

將田地改良成微生物喜歡的鬆軟土壤

混入田土裡改良土壤。多孔質的稻殼燻炭會成為微生物棲息地，能讓硬質土壤變為鬆軟。建議和堆肥混在一起使用，每 10 坪（33 ㎡）的田地約使用 20 公升。

●生物炭（100 公升）
關西產業有限公司
Tel.0749-25-1111
http://www.kansai-sangyo.com

JOY Agurisu

一番濃縮菜種油渣

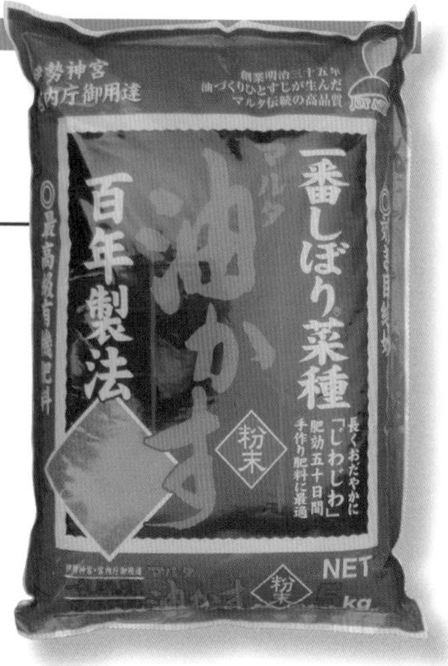

100%有機高級油渣，
效果緩慢為其特徵

古老良方製造而成的油渣。效果比起一般油渣緩慢且持久。也可和骨粉等混合製成有機發酵肥料。

●一番濃縮菜種油渣（5 kg）
JOY Agurisu 有限公司
Tel.0120-519415
http://www.joy-agris.com/

創和回收

竹酢發酵雞糞

速效型動物性
有機肥料

含有均衡的必要營養素。混合竹酢液後深度熟成，沒有臭味。施肥後能立刻顯現效果，可用於基肥和追肥。

●竹酢發酵雞糞（10 kg）
創和回收有限公司
Tel.0296-43-6081
http://www.ko-en.co.jp/sowa/

花巻酵素

YUKIPA

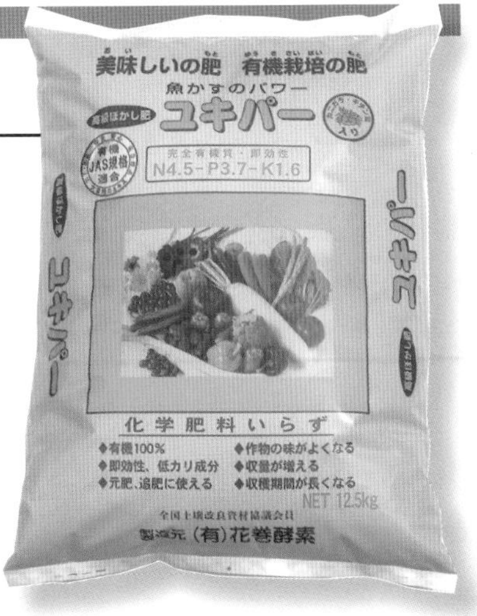

100%有機肥料
種出美味蔬菜！

魚粉、米糠、蟹殼、活性碳等材料做成的有機發酵肥料。作為基肥和追肥時，在植株周圍撒一小撮（30g）即可。

● YUKIPA(12.5 kg)
花巻酵素有限公司
Tel.0198-24-6521
http://www.hana-ko.co.jp/

Vallauris 商會

Biopost-Liquid Thumb BIO

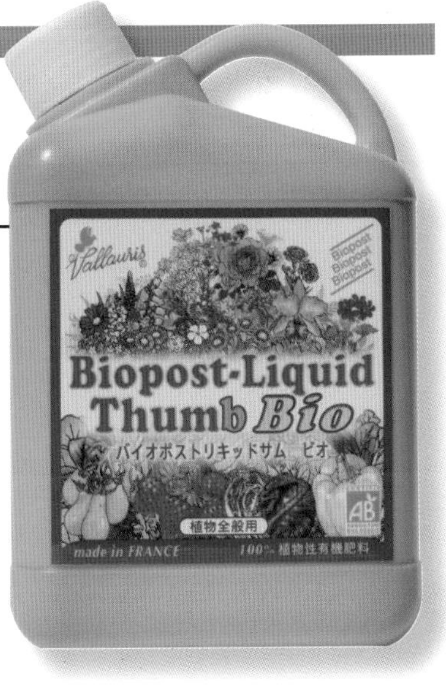

不需擔心肥燒，
對土壤無害的植物性液肥

不會刺激蔬菜，能讓蔬菜健康生長的100％植物性有機濃縮液體肥料。有助於土壤中微生物的活動，常保土壤健康的狀態。以清水稀釋 200 ～ 300 倍後，一週約噴灑 1 ～ 2 回。

● Biopost-Liquid Thumb BIO(1 公升)
Vallauris 商會有限公司
Tel.03-3478-8261
http://www.vallauris.co.jp/

Vallauris 商會

Vallauris Biopost

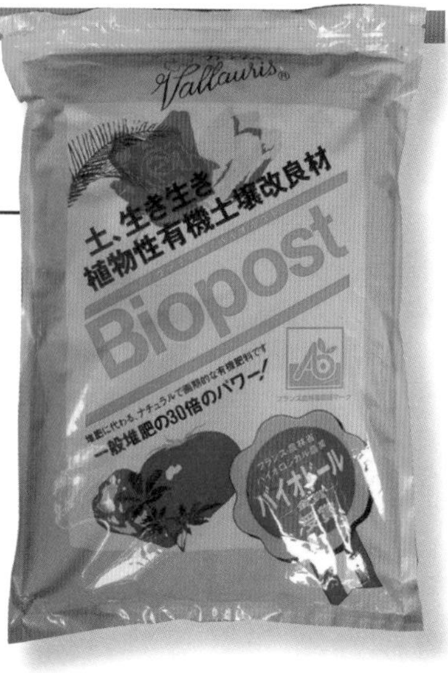

可作為基肥 ‧ 追肥
使用的土壤改良劑

蘊含豐富的有益微生物，100％植物性的有機特殊肥料。在蔬菜植穴裡放入一小撮，可讓蔬菜更健康。根或葉直接碰觸也不會產生肥燒現象。

● Vallauris Biopost(1.5 kg)
Vallauris 商會有限公司
Tel.03-3478-8261
http://www.vallauris.co.jp/

瀧井種苗

生物肥

最適合土壤改良的有機肥料，
能有效改善連作障礙

以菌類發酵而成的 100％有機質完熟發酵菌體肥料。對舊土更新及連作障礙有預防及緩和的效果。1 坪大小(3.3 ㎡)的土壤裡約混入 1.5 公升。

●生物肥 (15 kg)
瀧井種苗有限公司 通信販賣部
Tel.075-365-0140
http://shop.takii.co.jp

綠人

牡蠣次郎

優良鈣質孕育美味蔬菜

業界最初的「低溫乾燥式」牡蠣殼肥料。藉由優良鈣質、海洋礦物質，胺基酸的運作，可預防病害及提升色澤、糖度、質量、保質等作用。10 ㎡約需 1.4 ～ 2 kg。

●牡蠣次郎（1 kg、20 kg）
綠人有限公司
Tel.0229-54-1366
http://www.greenman.co.jp/

東商

草木灰

調整土壤酸鹼質，
同時也能補充磷酸及鉀肥

天然草木燃燒而成的資材，可中和偏酸性的土壤。也能當作含磷酸及鉀肥的肥料使用。肥效緩慢且不易引起障礙。5 ㎡約需 500g。

●草木灰（500g）
東商有限公司
Tel.054-623-1040
http://www.10-40.jp/

廣商

乳酸酵母菌

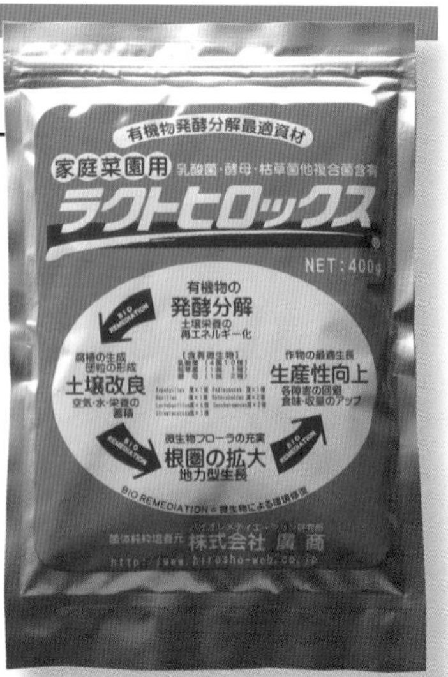

利用乳酸菌、酵母的力量 改良出肥沃的田地

由乳酸菌或酵母等十幾種不需空氣的菌種複合而成的高密度微生物資材。和稻桿、落葉、米糠等一起混入田土裡。1 坪大小（3.3 ㎡）的土壤裡約混入 1.3 ～ 4g 使用。

●乳酸酵母菌（400g）
廣商有限公司
Tel.096-348-2025
http://www.hirosho-web.co.jp

Resahl 酵產

KARUSU NC-R

提高土壤力的 微生物資材

有效微生物和天然沸石組合而成的造土資材。十坪大小約需 1 袋量，連同殘渣及雜草等一起混入土壤中。透過微生物的運作使土壤更健康，才能提高肥料效果。

● KARUSU NC-R（1 kg）
Resahl 酵產有限公司 ※3 袋的內容都相同。
Tel.048-668-3301 http://www.resahl.co.jp/

EM研究所

EM•1

以善玉菌製成的萬能資材
製作堆肥超推薦

建議使用益菌集合體「EM」微生物資材。透過光合成細菌及乳酸菌等數十種微生物的運作改良土壤的健康狀況。除了稀釋噴灑之外，還可用作有機發酵肥料、生廚餘堆肥。EM 研究所也販售糖蜜。

●EM ・1(1 公升)
EM研究所有限公司
Tel. 054-277-0221
http://emlabo.co.jp/

NPO 肥化協會

YUKIMAN

利用促進發酵的資材，
將生廚餘轉變為堆肥！

有益微生物中添加米糠、糖蜜、稻殼燻炭等，使其發酵乾燥而成。撒在生廚餘上進行一次發酵後和土壤混合製成堆肥。1 袋量 (500g) 約可使 20 天份的生廚餘堆肥化。

● Yukiman(500g)
NPO 肥化協會
Tel. 03-5410-3735
http://www.taihika-kyokai.co.jp/

IRIS OHYAMA

生廚餘發酵器 EM-18

製造生廚餘堆肥的一次處理容器

讓生廚餘進行一次發酵的密閉容器。裝入生廚餘後，添加發酵促進劑約放置 10 ～ 20 天左右。然後再混合土壤或落葉使其堆肥化。附帶可取出液肥的活栓。容量 18 公升。

●生廚餘發酵器EM -18
IRIS OHYAMA 有限公司
Tel. 0120-211-299
http://www.irisplaza.co.jp/

設計家辦公室 ・M

BOX IN BOX

瓦楞紙製成的
簡易型堆肥容器

以瓦楞紙製造而成的生廚餘一次發酵容器。透過雙層構造調節濕氣。另外準備沙袋加入腐葉土、稻殼燻炭、米糠、動物糞便等資材使用。容量 25 公升。

● BOX IN BOX
設計家辦公室・M
Tel. 0465-36-3352
http://www.kokoga-e.com/

三甲

堆肥處理器 130 型

適合屋外使用的大容量堆肥容器

能一次發酵大量堆肥的大型堆肥容器。適合 4～6 人家庭的大小。圓筒狀的容器底部埋入地面使用。容量為 130 公升。

●堆肥處理器 130 型
三甲有限公司
Tel. 03-3630-3535
http://www.sanko-kk.co.jp/

熊谷

稻桿、稻殼

適合作為堆肥材料及鋪地材料

稻桿、稻殼不只能作為堆肥材料，還能作為蔬菜禦寒的有機覆蓋物。雖然可以從農家獲得這些材料，但若需要量大時，通信販賣比較方便。熊谷公司販賣稻桿等所有自然素材。

●稻桿（論公斤計價）
●稻殼（論公斤計價）
熊谷有限公司
Tel. 0776-72-1383
http://homepage3.nifty.com/tkumagai/

TITLE

跟著圖解這樣做　有機堆肥不失敗！

STAFF

出版	瑞昇文化事業股份有限公司
編著	学研パブリッシング
譯者	蔣佳珈

總編輯	郭湘齡
責任編輯	林修敏
文字編輯	王瓊苹　黃雅琳
美術編輯	謝彥如
排版	六甲印刷有限公司
製版	明宏彩色照相製版股份有限公司
印刷	皇甫彩藝印刷股份有限公司
法律顧問	經兆國際法律事務所　黃沛聲律師

戶名	瑞昇文化事業股份有限公司
劃撥帳號	19598343
地址	新北市中和區景平路464巷2弄1-4號
電話	(02)2945-3191
傳真	(02)2945-3190
網址	www.rising-books.com.tw
Mail	resing@ms34.hinet.net

本版日期	2017年7月
定價	250元

國家圖書館出版品預行編目資料

跟著圖解這樣做：有機堆肥不失敗！/ 學研出版社編著；蔣佳珈譯. -- 初版. -- 新北市：瑞昇文化, 2014.04
144面；14.8x21公分
ISBN 978-986-5749-37-8(平裝)

1.肥料 2.植物

434.231　　103004590

Yuki・Munoyaku Oishi Yasai ga Dekiru Taihizukuri Handbook